12396

北京新农村科技服务热线
咨询问答图文精编 IV

◎ 孙素芬　黄　杰　主编

中国农业科学技术出版社

图书在版编目（CIP）数据

12396北京新农村科技服务热线咨询问答图文精编 . Ⅳ /
孙素芬，黄杰主编 . — 北京：中国农业科学技术出版社，
2019.10
　ISBN 978–7–5116–3961–5

Ⅰ . ① 1… Ⅱ . ①孙… ②黄… Ⅲ . ①农业技术—科技
服务—咨询服务—普及读物 Ⅳ . ① S–49

中国版本图书馆 CIP 数据核字（2018）第 283979 号

责任编辑　徐　　毅
责任校对　贾海霞

出 版 者　中国农业科学技术出版社
　　　　　北京市中关村南大街 12 号　邮编：100081
电　　话　（010）82106631（编辑室）（010）82109702（发行部）
　　　　　（010）82109702（读者服务部）
传　　真　（010）82106631
网　　址　http://www.castp.cn
经 销 者　各地新华书店
印 刷 者　固安县京平诚乾印刷有限公司
开　　本　880mm×1 230mm　1/32
印　　张　11.875
字　　数　360 千字
版　　次　2019 年 10 月第 1 版　2019 年 10 月第 1 次印刷
定　　价　100.00 元

前言

　　"12396 星火科技热线"是国家科技部与工业和信息化部联合建立的星火科技公益服务热线。"12396 北京新农村科技服务热线"是由北京市科委农村发展中心与北京市农林科学院联合共建，是面向"三农"开展农业科技信息服务的综合平台。热线有一支由百余名具有丰富理论知识与实践经验的农业专家组成的服务团队，服务内容主要包括蔬菜、果树、食用菌、杂粮、畜禽等方面农业生产问题。自 2009 年正式开通以来，除在北京市进行服务应用外，同时，还立足京津冀辐射扩展到全国其他 30 个省、市、自治区，社会经济效益显著，树立了农业科技咨询的"京科惠农"服务品牌。

　　在服务过程中，热线积累了大量来自农业生产一线的技术和实践问题，为更好地发挥这些咨询问题对农业生产的指导作用，编者精选了部分图文问题并在充分尊重专家实际解答的基础上，进行了文字、形式等方面的编辑加工，

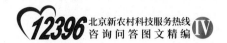

使解答尽量简洁、通俗、科学、严谨。本书汇集了蔬菜、果树、花卉、杂粮和畜禽养殖等不同生产门类的图文问题，希望通过这些精选的问题更好地传播知识，为农业生产提供参考与借鉴，更好的发挥农业科技的支撑作用。

本书中涉及的农业生产问题的解答，一般是专家对咨询者提出的问题进行针对性的解答，由于农业生产具有实践的现实性、复杂性，因此，在参考本书中相关解答时，请结合当地的气候、农时和生产实践，不要全盘照搬，不要教条化执行专家解答，这一点请广大读者理解。

本书的主要目的是延续热线的公益性服务作用，通过对农业生产一线遇到的问题进行图文展示，结合专家的详细解答，为用户提供直观的参考。对于提供原始图片的热线服务用户，表示感谢！对于未能标注出处的作者，敬请谅解！对参加"12396 北京新农村科技服务热线"服务的专家以及为本书提供指导的各位专家，表示感谢！没有你们的辛勤劳动，就没有本书的成稿、付梓！本书撰写受到北京市基层科普行动计划《"科学会说话"AI 农业智能科普机器人示范项目》资助，特此感谢！

鉴于编者的技术水平有限，文中难免有所纰漏，敬请各位同行和广大读者不吝赐教、批评指正！

编　者

2019 年 8 月

目录
CONTENTS

第一部分 蔬 菜

目录

1

目
录

目
录

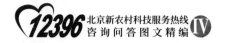
第二部分 果 树

目
录

目
录

目
录

第三部分 作 物

第四部分　食用菌

第五部分　花　卉

第六部分 土 肥

第七部分　畜　牧

第八部分　水　产

第一部分　蔬　菜

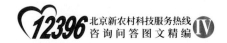

（一）茄果类

01 问：番茄刚坐第一穗果，地干，温度超过 30℃，植株
头卷缩，能浇水吗？
江苏省南通市　袁先生

答：张宝海　研究员　北京市农林科学院蔬菜研究中心

从图片看，秧子的长势很旺，不用浇水，浇水可能会使营养生
长过旺，植株结果受到影响。番茄的根系活力旺盛，不浇水也会刺
激根系向深处伸展。浇不浇水要根据品种、长势、密度、土壤、天
气等结合起来考虑。

问：番茄叶片卷是怎么回事？

河北省　网友"鲜量农场"

答：黄金宝　副研究员　北京市农林科学院植物保护环境保护研究所

从图片看，是生长素药害所致。主要是沾（喷）花的药液浓度过大或没有用手遮挡喷溅在了叶子上，而这种药有传导作用，用在花上，其药害也反映到嫩尖及嫩叶上。因此，在番茄沾（喷）花时，一定按药剂使用说明浓度配制，最好现配现用；在操作时，务必用手遮挡，以防喷溅到叶子上。

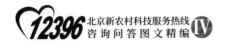

问：番茄枝叶变细，是病毒病吗？
河北省 网友"鲜量农场"

答：李明远 研究员 北京市农林科学院植物保护环境保护研究所

从图片看，不一定是病毒病引起，有时生长素或高温也可能引起这样的症状，可观察一段时间再处理。

04 问：番茄花束上长出来叶片是什么原因？
　　北京市延庆区　网友"福气冲天"

答：陈春秀　推广研究员　北京市农林科学院蔬菜研究中心

从图片看，番茄在果穗前部长出叶片或新枝，称为花前枝。

产生原因

（1）主要与品种有关，有些品种容易产生花前枝。

（2）与温度有关，温度高容易产生花前枝。

（3）氮肥过多，或浇水过大都容易产生花前枝。

防治措施

（1）及时去掉花前枝，就不会影响果实膨大，反之就会影响果实膨大。

（2）选择耐热的品种。

（3）及时降温。

（4）多施钾肥，少施氮肥。

一

蔬
菜

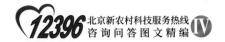

05 问：番茄苗移栽 2 周后新叶黄化，打过百菌清，用噁霉灵灌过一次根，效果不好，怎么办？
山东省　网友"山东蔬菜求学"

答：陈春秀　推广研究员　北京市农林科学院蔬菜研究中心

从图片看，番茄苗老叶片颜色发深，不舒展，定植后，缓苗慢，从表象看可能育苗期间用了控制生长的药物次数多，或浓度大了，造成定植后根系发育慢，吸收营养差，因此，出来的新叶发黄。

建议

（1）可以打点碧护缓解生长缓慢问题。

（2）喷施叶面肥（磷酸二氢钾等）。

（3）提高地温，促进根系发育。

（4）可以利用灌根的方法，灌生根的肥料，促进根的生长。

06 问：番茄种植在阳台上，叶片出现问题，不想用药，怎么解决？

北京市海淀区　马女士

答：李明远　研究员　北京市农林科学院植物保护环境保护研究所

从图片看，是斑潜蝇的为害。斑潜蝇是一种小蝇子，产卵在番茄叶片上，孵化后就直接钻到叶片中，一边取食一边长大。以后再化蛹、羽化、产卵继续扩大为害。

解决办法

如果阳台是封闭的或有比较密的纱网，可保证没有新的蝇子飞进来，在化蛹前用人工捏死，除干净也可以。如果外面仍有虫子不断入侵，用人工的方法就不行了，必须用药，常用的农药是斑潜净或灭蝇胺。

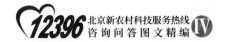

07 问：番茄上有小坑，是怎么回事？
河南省新乡市　网友"河南新乡番茄种植"

答：陈春秀　推广研究员　北京市农林科学院蔬菜研究中心

从图片看，番茄果实表面有些细菌性病害，这种情况往往是因为有水滴滴到果实表面，或棚内湿度大造成的。应注意降低棚内湿度。

08 问：番茄发病很快，一到中午就蔫了，茎髓部变褐，是
不是青枯病？

北京市大兴区　王先生

　　答：李明远　研究员　北京市农林科学院植物保护环境保护研
究所

　　青枯病仅发生在酸性土地区，北京市的土壤不是酸性，青枯病
不太可能发生。如果怀疑是青枯病可以做个试验，即将病枝切下一
段，插在水中，看断面是不是有白色的乳汁状物向下溢出，有溢出
的才是青枯病。青枯病茎部的维管束有变褐的情况。

　　从图片看，根部问题不明显，建议另拔几棵病株，观察根部是
不是有问题。如长有瘤子等，则应当是根结线虫病。

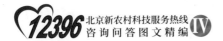
09 问：番茄裂果是什么原因？

河北省迁西县　大棚蔬菜种植户

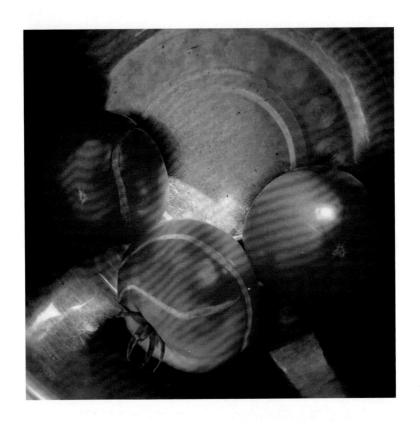

答：司亚平　研究员　北京市农林科学院蔬菜研究中心

多种原因可造成番茄裂果。主要有如下几种原因。

（1）品种原因，薄皮品种易裂果。

（2）浇水不当造成裂果。

（3）缺素及营养不良，也会造成裂果。

10 问：小番茄靠近果柄的地方呈黄绿色，是什么问题，怎么防治？

河南省　网友"大棚圣女果韭菜种植"

答：陈春秀　推广研究员　北京市农林科学院蔬菜研究中心

从图片看，估计是番茄筋腐病，是一种生理性病害。

主要原因

（1）与品种有关。

（2）土壤干旱、板结，植株对养分吸收能力差。

（3）土温、气温低，光照差，影响光合产物的积累。

（4）土壤底肥不足，生长期间没有及时追施肥料，特别是钾肥，或者氮肥施用过多造成氮、磷、钾比例失调。

防治方法

（1）选择耐低温的品种。

（2）保持土壤湿润，土壤疏松，小高畦、滴灌（水肥一体化）栽培。

（3）冬季或早春注意保温，特别是番茄转色期，提高温度管理。

（4）底肥一定要多施用优质有机肥，结果期要多施用含钾量高的速效肥料，如硝酸钾。

一

蔬菜

11 问：番茄叶片和茎上有白毛，是什么病，怎么防治？
北京市密云区　网友"雨露密云番茄种植"

 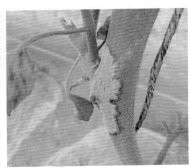

答：黄金宝　副研究员　北京市农林科学院植物保护环境保护研究所

从图片看，是2种病害，第一张图片叶上的白毛是白粉病，第二张是灰霉病，2种病防治方法和药剂不同，需在用药前，摘除病果、病叶，尽量摘净。

（1）对于白粉病，可用凯润（吡唑醚菌酯）、乙霉酚、卡拉生（硝苯菌酯）、露娜森（氟唑菌酰胺·肟菌酯）、健达（吡唑醚菌酯·氟唑菌酰胺）等药防治。

（2）对于灰霉病，可用速克灵、嘧霉胺、克得灵或啶酰菌胺（凯泽）等药防治。对于番茄茎上灰霉病，可先将灰霉去掉，再将上述药剂调成糊状，涂抹在病患处。

2种病害防治，都应在晴天上午使用，喷完药后，关闭风口，待提高6~8℃后再放风，应从小往大放，防止风大闪苗了。另外，上述几种药可轮换使用，尽量不混合用，7天左右轮换1次，灰霉病用药2~3次，而白粉病应用药3~4次。

12 问：番茄新叶变黄，是什么病，怎么防治？

宁夏回族自治区　网友"老朋友好久不见"

答：黄金宝　副研究员　北京市农林科学院植物保护环境保护研究所

从图片看，应该是病毒病。

防治措施

在加强防治蚜虫、粉虱的情况下，喷施防治病毒病的药剂，如菌克毒克、病毒 A 等，但注意在农事操作中，先整理健康苗，尽量减少接触传播。

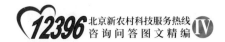
13 问：番茄表面有疤是什么问题，是番茄脐腐病吗？

浙江省丽水市　网友"丽水～西米露"

答：张宝海　研究员　北京市农林科学院蔬菜研究中心

从图片看，这不是番茄脐腐病，是番茄畸形果。畸形果与苗期温度过低影响花芽正常分化有关，可以尽早疏掉果形不好的果实。

14 问：番茄裂口怎么回事？
北京市　网友"北京分享收获王"

答：张宝海　研究员　北京市农林科学院蔬菜研究中心

从图片看，可能是由于番茄苗期温度过低影响花芽正常分化所致。

建议

今后最好选用专业公司的苗子，保险性高。目前可把开裂的果实疏掉，留下好的果实，后边或上部的果实会恢复正常。

蔬菜

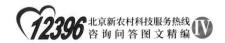
15 问：番茄有空洞果，什么原因形成的，怎么补救？

河北省辛集市　番茄种植户

答：陈春秀　推广研究员　北京市农林科学院蔬菜研究中心

番茄空洞果的形成，有如下原因。

（1）冬季低温，果实膨大不利造成空洞果。

（2）授粉不良，果浆减少，也容易空洞。

（3）蘸花浓度高容易产生空洞。

（4）水肥管理不当，膨果时，水肥不足（缺水、缺肥），造成空洞果。应根据具体情况进行防治。

一

蔬菜

答：司亚平　研究员　北京市农林科学院蔬菜研究中心

造成番茄卷叶的因素有：高温缺水或者缺铁、缺锰造成卷叶；肥料过多根系吸水受阻也会造成卷叶。从图片看，地面较干，可适当加强水肥管理，进行解决。

17 问：番茄第一穗果畸形，怎么回事？

河北省辛集市　番茄种植户

答：陈春秀　推广研究员　北京市农林科学院蔬菜研究中心

番茄第一穗果出现畸形，第二穗果也可能会有畸形，是育苗期温度低造成的。

番茄苗龄在 50~60 天，花芽就发育 3 穗了。花芽分化的温度应在 13℃以上，所以，育苗时，温度管理不应低于 13℃，如果持续低于 13℃情况下 7~10 天，那么就会出现一穗果畸形，如果持续低于 13℃情况下，20 天就会有两穗果出现畸形。

18 问：番茄茎秆外皮发黑，秧子变软，掰开后茎秆是空的，怎么回事？

河北省迁西县　网友"河北迁西大棚蔬菜种植"

　　答：李明远　研究员　北京市农林科学院植物保护环境保护研究所

　　从图片看，像是番茄溃疡病或番茄髓部坏死病。如果番茄果实上有白点，是溃疡的可能会更大，它属于细菌性病害。

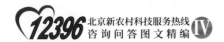
19 问：番茄叶片不舒展，怎么回事？

河北省迁西县　网友"河北迁西大棚蔬菜种植"

答：陈春秀　推广研究员　北京市农林科学院蔬菜研究中心

番茄叶片不舒展，有以下几种原因。

（1）与品种有关，有些品种生长期间叶片一直不太舒展。

（2）温度低造成植株上部叶片不舒展，提高温度管理。

（3）有黄化曲叶病毒，造成生长点叶片绺缩，一定要选好品种。

（4）缺水造成叶片不舒展，注意加强肥水管理。

答：李明远　研究员　北京市农林科学院植物保护环境保护研究所

从图片看，番茄叶片变小的原因可能会是，在使用激素蘸花的时候，温度高了，浓度大了番茄叶片会变小；有时棚温突然升高，番茄叶片也会变小。这种情况不用防治，管理时注意点，就会褪去。

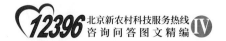

21 问：辣椒叶向背面卷曲是什么问题？

河北省 网友"鲜量农场"

答：李明远 研究员 北京市农林科学院植物保护环境保护研究所

从图片看，很像是茶黄螨为害造成的。

防治方法

应使用阿维菌素（爱福丁）、噻虫嗪（阿克泰）或联苯肼酯（爱卡螨）进行防治。

22 问：冷棚种的辣椒，盖黑地膜，苗发黄，是因为高温导致的缺素吗？

北京市平谷区　网友"尹～种植技术员"

答：黄金宝　副研究员　北京市农林科学院植物保护环境保护研究所

从图片看，应该是缺镁所致，与高温无关。

建议

补些含镁的肥料慢慢恢复即可。

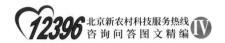

23 问：棚里尖椒出现叶子皱缩，其他作物没有，是怎么回事？

河北省　网友"鲜量农场"

答：陈春秀　推广研究员　北京市农林科学院蔬菜研究中心

从图片看，可能是红蜘蛛为害的。

防治措施

可以打杀螨剂防治，如哒螨灵、阿维菌素、克螨特等。

24 问：辣椒果实有斑点，是病毒病吗？
北京市延庆区　网友"利民"

答：李明远　研究员　北京市农林科学院植物保护环境保护研究所

从图片看，应当是病毒病。该病只能预防，发病后无法根治。

建议

将发病植株拔除，带出田园烧毁。

一

蔬

菜

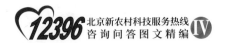

25 问：辣椒花不脱落是什么原因？

山东省栖霞市　网友"栖霞……福源蔬菜"

答：张宝海　研究员　北京市农林科学院蔬菜研究中心

茄子、番茄、黄瓜等的开过的花瓣也有这种现象，主要保护地中，没有风，没有力量让干的花瓣掉落。冬季湿度大时，菌核病、灰霉病菌很容易从花瓣处侵染，所以，冬季低温、高湿时要注意残败花瓣的处理。

26 问：辣椒长得太高了，开花期间能打多效唑吗？
广西壮族自治区　网友"广西南宁辣椒种植户"

答：黄金宝 副研究员 北京市农林科学院植物保护环境保护研究所

多效唑适量使用可以控旺，从而促进增产。但是多效唑容易使用过量产生药害，可引起生长停滞，且药效持续期长，一般会影响好几年。

建议

辣椒控旺可采取日常管理，如控温控水，控制氮肥用量。如使用药剂进行辣椒控旺，建议使用矮壮素、叶绿素等加施磷酸二氢钾即可。

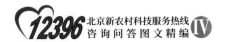

27 问：辣椒叶子卷曲是怎么回事？

北京市延庆区　网友"沈家营鲁"

答：黄金宝　副研究员　北京市农林科学院植物保护环境保护研究所

从图片看，是发生了病毒病。防治病毒病首先要防治蚜虫，同时，喷施吗啉胍铜、菌克毒克、病毒A等农药，可以缓解，并防止再传染，但是不能解决根本问题。

建议

明年再种辣椒，一是要进行温汤浸种，杀灭种子表面病毒；二是要及早防治蚜虫，减少病毒传播。

28 问：圆柿子椒生长点干枯、花蕾变黑脱落，是什么原因？

北京市　网友"蓝色的梦"

答：李明远　研究员　北京市农林科学院植物保护环境保护研究所

从图片看，很像是茶黄螨为害的。

防治措施

应使用阿维菌素（爱福丁）、噻虫嗪（阿克泰）或联苯肼酯（爱卡螨）进行防治。

一

蔬
菜

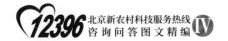

29 问：辣椒根部发黑是根腐病吗，怎么防治？

北京市大兴区　网友"水墨丹青"

答：陈春秀　推广研究员　北京市农林科学院蔬菜研究中心

从图片看，是辣椒根腐病。

防治方法

（1）精选品种，选择优质品种，并对种子进行浸种＋种衣剂处理，并适期播种。

（2）轮作，与其他作物进行3~5年轮作。

（3）田间管理。

① 精耕细整土地，悉心培育壮苗，在移植时尽量不伤根，精心整理，保证不积水沤根，施足基肥；② 可用噁霉灵、福美双、金纳海其中的一种进行土壤消毒，每亩用3~5千克药剂撒入土壤中旋耕或拌土放入定植穴。定植后要根据气温变化，适时适量浇水；③ 分别在花蕾期、幼果期、果实膨大期进行追肥，促椒体健康生长，增强抗病能力；④ 定植后温度控制在20~30℃、地温25℃、湿度不高于90%，使幼苗茁壮成长，浇水时尽量不要大水漫灌。

（4）药剂防治。

① 定植时用抗枯灵可湿性粉剂600倍液、噁霉灵可湿性粉剂300倍液浸根10~15分钟，防治根腐病效果较好；② 定植后浇水时，随水加入硫酸铜溶入田中，每亩用量为1.5~2千克，可减轻发病；③ 定植缓苗后，或根腐病发生初期，可用噁霉灵可湿性粉剂3 000倍液或抗枯灵可湿性粉剂进行灌根。

30 问：辣椒叶片发黄有斑点，是什么病，怎么防治？
广西壮族自治区南宁市　辣椒种植户

答：黄金宝　副研究员　北京市农林科学院植物保护环境保护
研究所

从图片看，是辣椒炭疽病。

防治方法

防治该病可用的药剂有：咪鲜胺、已（戊）唑醇、世高（苯醚
甲环唑）等。可以用其指导浓度的最高浓度喷洒，间隔期5~7天，
共2~3次。同时，尽量加强通风，效果会好些。

蔬
菜

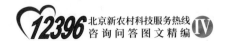

31 问：茄子秆表皮粗糙木栓化，是什么问题，怎么防治？

河北省　网友"鲜量农场"

答：李明远　研究员　北京市农林科学院植物保护环境保护研究所

从图片看，应当是茶黄螨为害所致。这种虫子很小，一般眼睛较难看到，为害的时候主要在茄子茎部幼嫩时期，用户拍照片的时候已经是受害 10 天后的情况了。还有一种可能是这种虫子已经过了发生高峰期，因为从图片上看，上部的枝条已经正常了。

防治方法

可参照防治叶螨，如使用阿维菌素等农药即可。如果不行，可换哒螨灵、联苯肼酯等药剂进行防治。

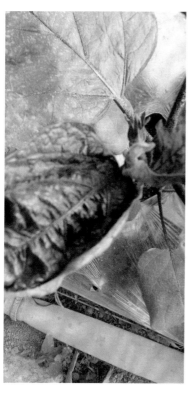

答：黄金宝　副研究员　北京市农林科学院植物保护环境保护研究所

从图片看，茄子可能是二斑叶螨为害的。由于二斑叶螨抗药性较强，一般的杀虫剂对其无效，最好使用联苯肼酯（爱卡螨）防治。

一 蔬菜

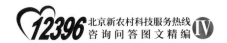
（二）瓜类

01 问：黄瓜一到中午叶就发蔫，棚里通风挺好的，是什么原因？

江苏省　赵先生

答：司亚平　研究员　北京市农林科学院蔬菜研究中心

从图片看，这种情况大多是由于根系吸收的水分供应不上。

建议

中午时适当遮阴，减少水分的蒸发，叶面喷洒尿素加硫酸二氢钾进行缓解。

02 问：黄瓜叶片上有黄色的斑，是什么病，怎么办？
北京市房山区　网友"为农者"

答：李明远　研究员　北京市农林科学院植物保护环境保护研究所

从图片看，只是下部一些老叶上有这种病斑，应当是一种生理病害——锰肥过剩。与缺水、含锰物质使用过量有关。一般在外界条件好了以后，自然就不再出现。可观察上部新叶，如不再发生，可以不管它，会逐渐好转。

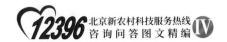

03 问：喷过菇虫清的喷雾器拿来喷杀菌剂，黄瓜新叶皱缩，怎么办？

山东省寿光市　网友"寿光蔬菜种植"

　　答：黄金宝　副研究员　北京市农林科学院植物保护环境保护研究所

　　从图片看，出现了药害，但不太严重。原因可能是未清理喷雾器引起，也可能是杀菌剂引起，要弄清菇虫清的成分以及里面是否含有激素，才能进行判断。可加强管理，尽量提高棚温，小水勤浇，促进植株生长，很快就会恢复正常的。如果菇虫清药剂含有激素，要进行彻底清洗，否则，就不要再用此喷雾器给蔬菜打药了。

04 问：结瓜的黄瓜秧为什么出现黄叶和干叶的情况？
北京市顺义区　石先生

答：陈春秀　推广研究员　北京市农林科学院蔬菜研究中心

从图片看，主要是水大造成的黄叶。由于土壤通透性不好或一次性浇水过大，造成根系缺氧。

建议

把底部黄叶去掉、松土、每次浇水不要过大。

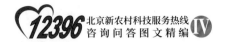

05 问：黄瓜叶片有黄斑是怎么回事？
山东省烟台市　网友"烟台彡果蔬彡布衣秋恋"

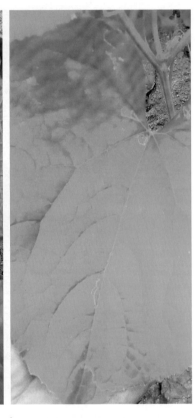

答：李明远　研究员　北京市农林科学院植物保护环境保护研究所

从图片看，像是黄瓜褐斑病（又称为棒孢叶斑病）。可用咪酰胺防治。

06 问：黄瓜出现弯瓜现象，是什么原因？

河南省　张先生

答：陈春秀　推广研究员　北京市农林科学院蔬菜研究中心

从图片看，是黄瓜弯瓜现象，是一种生理现象。

一般产生的原因如下。

（1）如果根瓜出现弯瓜，主要是因为植株比较矮小，生长量不够，供给瓜的营养不足，或底部接近地面造成弯瓜。

（2）如果在盛瓜期出现弯瓜，可能是水肥不足造成的弯瓜。

（3）如果是后期弯瓜，则主要是植株衰老的表现。

（4）与温度也有一定关系，温度过高、过低，都可能出现弯瓜。

一

蔬菜

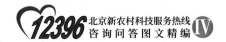

07 问：黄瓜表皮锈色，是怎么回事？
浙江省丽水市　网友"丽水～西米露"

　　答：张宝海　研究员　北京市农林科学院蔬菜研究中心
　　从图片看，黄瓜锈色应该是老了，要适时采收。如果是根瓜更要尽早采收，因为根瓜本身就长不大，且容易老化，要尽早疏掉；如果嫩瓜就这样，且所有植株都一样，就是品种特点，不需处理。

08 问：黄瓜从幼瓜就出流水，结疤，是什么病，怎么防治？

河北省　于先生

答：黄金宝　副研究员　北京市农林科学院植物保护环境保护研究所

从图片看，是黄瓜黑星病，是一种国家检疫病害，主要是种子带毒。

防治方法

用多菌灵、苯醚甲环唑等真菌性药剂均可防治，但做好种子消毒更有效。

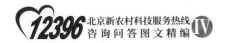

09 问：黄瓜长得不匀称，与哪些条件因素有关？

河北省迁西县　大棚蔬菜种植户

答：张宝海　研究员　北京市农林科学院蔬菜研究中心

黄瓜出现畸形瓜和品种有关，此外，还与光照、温度、水分、肥料、种植密度、植株老化等条件有关，总的来说，就是各种因素的不适造成了植株输送给果实的营养不足或不平衡而出现的各种各样的畸形瓜。

防治方法

在栽培技术上，有意识地调节和平衡各个因素及之间的关系，使植物尽量维持在正常的生长状态，可以减少畸形瓜的比例。

10 问：黄瓜大肚瓜、细腰、弯瓜是什么原因造成的？
河北省承德市　网友"无悔承德黄瓜"

答：陈春秀　推广研究员　北京市农林科学院蔬菜研究中心
从图片看，是生理原因造成的。

一

蔬

菜

主要原因

缺水；营养体生长量不足，如根瓜叶片比较少，营养体小；养分不足，底肥、追肥不足造成营养补充不足；温度低等会造成大肚瓜、细腰瓜、弯瓜。

解决方法

加强水肥管理，及时把大肚瓜、细腰瓜、弯瓜疏掉。

11 问：黄瓜叶片正反面有黄色的斑点，是什么病，怎么防治？

辽宁省　网友"错爱"

答：黄金宝　副研究员　北京市农林科学院植物保护环境保护研究所

从图片看，是黄瓜角斑病。黄瓜霜霉病和角斑病都是角斑症状，但一般情况下，黄瓜霜霉病叶背有黑霉，而黄瓜角斑病会穿孔。

看黄瓜叶片有无穿孔，如有就可按黄瓜角斑病用药，如没有可将防治霜霉病和角斑病的药剂混用（注意用酸碱性相同的药剂）同时防治，也可用多抗霉素类药剂同时防治细菌和真菌病害。

12 问：黄瓜叶片上有黄斑，怎么回事？
辽宁省盘锦市　黄瓜种植户

答：李明远　研究员　北京市农林科学院植物保护环境保护研究所

从图片看，是黄瓜褐斑病也称为黄瓜靶斑病。这种病要早防，晚了较难控制。

防治方法

一般使用咪鲜胺、苯醚甲环唑等农药。

一

蔬

菜

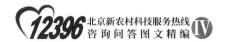
13 问：黄瓜中间空是缺什么元素吗？

河北省迁西县　大棚蔬菜种植户

答：司亚平　研究员　北京市农林科学院蔬菜研究中心

从图片看，这种情况与缺素没有明显联系，缺素首先表现在叶片上，如果植株没有缺素现象，估计是缺水造成的。

14 问：黄瓜是怎么回事？
河北省唐山市　网友"唐山～种植"

答：李明远　研究员　北京市农林科学院植物保护环境保护研究所

从图片看，是黄瓜灰霉病。使用啶酰菌胺对未烂的黄瓜有效。由于菌丝体已经侵入，图中这根黄瓜最后还是会烂掉。

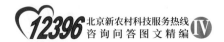

 问：黄瓜尖头是什么原因？

辽宁省　网友"错爱"

答：陈春秀　推广研究员　北京市农林科学院蔬菜研究中心

从图片看，黄瓜头部变尖的原因是整枝打叶过度造成的，图片上看到瓜底部才留2~3片叶，叶片过少，光合产物不足，造成供给瓜的营养不足，自然就会瓜条不顺或变尖。

建议

下次打叶时一定多留叶片，至少瓜下部要留10~13片叶。

16 问：黄瓜不长头是怎么回事？

河北省　王先生

答：陈春秀　推广研究员　北京市农林科学院蔬菜研究中心

从图片看，黄瓜不长头是因为黄瓜浇水过大，低温造成的花打顶。

防治方法

整地要采用小高畦，地膜要铺紧实，浇水不要大水漫灌，提高棚内温度。

17 问：黄瓜叶片上有黄色的斑，是什么病，怎么防治？
河北省　赵先生

答：黄金宝　副研究员　北京市农林科学院植物保护环境保护
研究所

从图片看，像是黄瓜霜霉病。在尽量降低棚湿度、少明水的情
况下，晴天上午可配合烯酰吗啉、普力克、克露等农药防治即可
控制。

18 问：黄瓜上有灰毛，是什么病，如何防治？

河北省　网友"唐山～种植"

答：黄金宝　副研究员　北京市农林科学院植物保护环境保护研究所

从图片看，是黄瓜灰霉病。

防治方法

（1）用药前，摘除病果、病花和病叶，尽量找净。

（2）药剂可用啶酰菌胺（凯泽）、速克灵、嘧霉胺、克得灵或适乐时等，应在晴天上午使用，喷完药后，关闭风口，待提高温度6~8℃后再放风，应从小往大放，防止闪苗。

上述几种农药可轮换使用，5~7天左右喷1次，共喷2~3次。

蔬菜

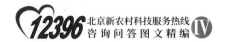
19 问：甜瓜底部叶片边缘失绿黄化是怎么回事？
北京市延庆区　网友"福气冲天"

答：陈春秀　推广研究员　北京市农林科学院蔬菜研究中心

从图片看，甜瓜底部叶片是缺镁造成的。主要原因是土壤板结、钾肥少、氮肥多、土壤有机质含量低等原因造成的。目前上部叶片已恢复正常，可不用采取措施。

20 问：西瓜果实长白霉是什么病，怎么防治？
北京市大兴区　网友"大兴～庞各庄西瓜飞翔"

答：李明远　研究员　北京市农林科学院植物保护环境保护研究所

从图片看，像是发生了菌核病。

防治方法

首先摘除病瓜，再使用防治灰霉病的农药，如嘧霉胺（施佳乐）、异菌脲（扑海因）防治就行，重点是喷花。

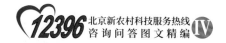

21 问：西瓜叶子黄，叶子尖干、叶发黑，怎么回事？

山东省聊城市　网友"聊城金微葡萄"

　　答：李明远　研究员　北京市农林科学院植物保护环境保护研究所

　　西瓜是喜温瓜菜，植株黄化很可能和前一段时间土温上不来有关。用户虽然使用了4层膜，但是，如果种的时候地温低，或连阴天较多，植株就会发黄、不长。从发来的图片看，新长出的部分似乎已好转。如果湿度够而且地比较板结，可进行松土，促进根恢复起来，植株自然会逐渐好起来。

22 问：西瓜进入膨果期了，追施硝酸钾好还是硫酸钾好？

河北省滦县 网友"唐山滦县西瓜（吊瓜）、番茄，与众不同"

答：张有山 研究员 北京市农林科学院植物营养与资源研究所

硝酸钾、硫酸钾都是钾肥，对提高甜度都有好处，从两者含钾量比较，硫酸钾稍高于硝酸钾。唐山土壤非酸性，用硫酸钾不会引起土壤酸化，其价格比硝酸钾也便宜，但硝酸钾属于氮、钾二元素肥料，肥效较高。因此，如果西瓜长势好或者底肥足的话可以使用硫酸钾，如果长势不好建议用硝酸钾，在补钾的同时也补氮。注意，硝酸钾中氮易流失，浇水不宜过大。

一

蔬菜

23 问：露地西瓜发生白粉病，如何防治？
山东省　网友"思秦"

答：黄金宝　副研究员　北京市农林科学院植物保护环境保护研究所

农业防治

可先将最底瓜的下面留 1 片叶，其余叶片打掉，运到田外深埋。

药剂防治

在晴天上午用药剂防治，可用药剂乙嘧酚、凯润、福星、硝苯菌酯、露娜森等，每 5~7 天打 1 次，共需 3~4 次。

24 问：西瓜苗子叶干边黄边，怎么回事？
贵州省　网友"恋上朝天椒～贵州镇远"

答：张宝海　研究员　北京市农林科学院蔬菜研究中心

从图片看，小的西瓜苗可能是管理控制过度，叶片老化，根系老化，土壤过湿、盐分过大，出苗不好可能也与出苗期温度低有关。可以提高白天和夜间的温度，保持白天 28~32℃，夜间 20~22℃，看看能否好转。另外，尽快定植，定植后高温高湿，促进缓苗，促进新叶生长，就可以恢复。

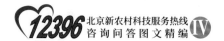

25 问：西瓜叶片黄边，怎么回事？
　　北京市大兴区　网友"飞翔，庞各庄西瓜"

　　答：陈春秀　推广研究员　北京市农林科学院蔬菜研究中心

　　西瓜叶片黄边属于生理性病害。有以下几种可能。

　　（1）缺素造成的叶片黄边。一方面是营养元素缺乏造成的叶片黄边，如缺钾则中下部叶片黄环叶；另一方面是缺钙则顶部叶片镶金边。

防治方法：及时补充钾肥（磷酸二氢钾或钾多多）、叶面喷施螯合态钙肥等，必要时，可以使用随水冲施和叶面喷施2种方法相结合。

（2）根系受伤导致营养元素吸收不足造成的叶片黄边。因为农事操作导致根系自身受伤或浇水等原因导致沤根，会降低根系吸收养分的能力，从而造成叶片黄边。

要及时冲施养护根系、促进根系生长的肥料，如芳润根佳、根多多、根密密等，以尽快促进根系长出新根。

（3）盐害造成的叶片黄边。土壤溶液浓度过高、盐渍化严重，根系吸收大量高浓度的土壤溶液，会灼伤叶片边缘并变黄。

多次浇水以稀释土壤溶液浓度，以后的用肥过程中要减少化学肥料用量，改用全水溶性肥料，增施生物肥或腐殖酸肥等。

（4）药害或气害造成的叶片黄边。这种情况多是中下部叶片受害，开始时叶缘变黄，后期叶缘焦枯。发生了病害的棚室，打药次数则更多，因此，导致西瓜受药害叶片黄边。另外，利用一些烟剂在熏棚时，如时间长或是使用量大，常会使叶片边缘变黄。

减少打药次数或降低打药浓度。并结合叶面喷施核甘酸、芸薹素内酯、爱多收及细胞分裂素来缓解病害，促进叶片尽快恢复正常生长。

一
蔬
菜

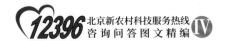

26 问：西瓜叶片皱缩是怎么回事？

河北省　网友"思念"

答：陈春秀　推广研究员　北京市农林科学院蔬菜研究中心

从图片看，可能是棚内土壤温度和夜间温度低造成西瓜叶片不舒展。

补救措施

提高棚内温度，加强夜间保温。土壤不要过湿，可以适当控制水分。

答：陈春秀　推广研究员　北京市农林科学院蔬菜研究中心

西瓜茎出现开裂的现象，是管理不当造成的。

主要是由于前期土壤有些干旱，植株有些缺水，当浇水后，植株吸收水分比较快，温度又低，造成茎秆开裂。但问题不是很大，不会影响水分、养分的吸收。后期浇水时，一定不要过干再浇水，根据土壤情况，植株生长情况进行合理灌溉。

蔬
菜

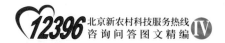

28 问：西瓜瓤空心，是怎么回事？
宁夏回族自治区　网友"露雲硒砂瓜销售协会"

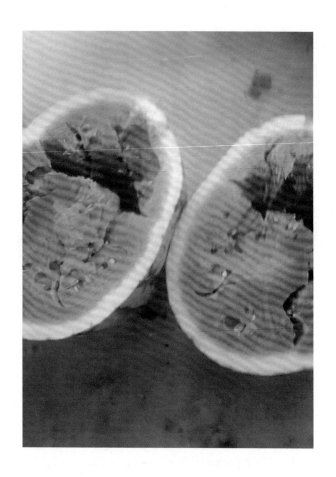

答：司亚平　研究员　北京市农林科学院蔬菜研究中心

从图片看，西瓜瓤空心主要是西瓜成熟阶段遇高温缺水，养分运输受阻造成。

29 问：西瓜有少部分植株的老叶发黄，是缺钾吗？

广西壮族自治区　网友"广西~南宁~西瓜"

答：司亚平　研究员　北京市农林科学院蔬菜研究中心

从图片看，像是缺钾的症状，可尽快补充钾肥。

补救措施

可用 0.2% 磷酸二氢钾进行叶面喷施。

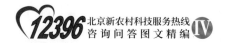

30 问：西瓜上的小黄斑是什么病，怎么防治？
广西壮族自治区　网友"广西～南宁～西瓜"

答：李明远　研究员　北京市农林科学院植物保护环境保护研究所

从图片看，像是发生炭疽病。

建议

用农药可杀得进行防治。

31 问：移栽 15 天的西瓜苗叶片边缘发黄是什么原因？

广西壮族自治区　网友"广西～南宁～西瓜"

答：黄金宝　副研究员　北京市农林科学院植物保护环境保护研究所

从图片看，不像是传染病，可能与缓苗后水肥管理、高温或风吹有关。

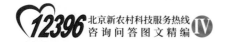

（三）其他蔬菜

 问：白菜叶片有黄斑，是什么病，怎么防治？
山东省济宁市　王先生

答：李明远　研究员　北京市农林科学院植物保护环境保护研究所

从图片看，像是发生了白菜霜霉病。

防治方法

可用的农药种类较多。常用的农药有：70%百菌清可湿性粉剂600倍液、70%乙膦铝锰锌可湿性粉剂500倍液或72%霜脲锰锌（克露、克抗灵、克霜氰）800~1 000倍液等。百菌清是保护剂，常用于预防，如果发病应当使用后2种农药。

02

问：小白菜是什么病，怎么防治？

广东省　蔬菜种植户

蔬
菜

答：李明远　研究员　北京市农林科学院植物保护环境保护研究所

从图片看，像是发生了白菜褐腐病，目前可用多菌灵、苯醚甲环唑喷施进行防治。由于土中存在病原，还应当使用多菌灵等进行灌根，可在浇水时，先将50%多菌灵用水溶解，随水施入，每亩用药2千克。

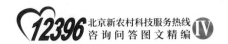
03 问：白菜叶上有黄色的斑点，有些整叶都枯死了，是什么问题？

河南省　张先生

答：李明远　研究员　北京市农林科学院植物保护环境保护研究所

从图片看，有白菜霜霉病发生，即那些黄色的斑点。还有一些叶片基部出现黄枯，有可能是霜霉病造成的，注意观察一下这些叶子的叶背是否有白霜。如果没有白霜，则有可能是蚜虫大量发生，使叶片整片枯死。可对照鉴别是虫害还是病害，有针对性地进行防治。

04 问：白菜根特别大，是什么病，怎么防治？
北京市　网友"好运"

答：李明远　研究员　北京市农林科学院植物保护环境保护研究所

从图片看，白菜应该是得了根肿病。

防治方法

应加强土壤消毒，可用50%多菌灵600倍液或敌克松500倍液泼施；50%多菌灵可湿性粉剂500倍液、70%甲基托布津800倍液、58%雷多米尔1 000倍液，每株0.4~0.5升灌根即可防治。

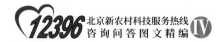

05 问：豆角叶片出现褐色斑，是什么问题？
北京市　网友"龙"

答：黄金宝　副研究员　北京市农林科学院植物保护环境保护研究所

从图片看，像是锈病，可以用三唑酮、吡唑醚菌酯、露娜森等药剂防治。

答：李明远　研究员　北京市农林科学院植物保护环境保护研究所

从图片看，应当是西蓝花霜霉病。

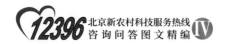
 问：西蓝花出现空心是什么原因？

北京市　网友"WANG"

　　答：李明远　研究员　北京市农林科学院植物保护环境保护研究所

　　从图片看，西蓝花空心是一种常见的问题，对品质影响较大。一般与水分管理、品种、种植期有关。

答：陈春秀　推广研究员　北京市农林科学院蔬菜研究中心

　　菜花还没长大就开始结球是由于菜花莲座期温度过低、土壤干旱等造成花芽分化过早，提前进入结球期。这种菜花提前进入结球期的情况，很难补救。

蔬菜

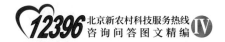

09 问：甘蓝黄萎病怎么预防？
河北省秦皇岛市　网友"碧海蓝天"

答：黄金宝　副研究员　北京市农林科学院植物保护环境保护研究所

甘蓝黄萎病也叫甘蓝枯萎病，与非十字花科作物轮作是预防该病发生的重要措施。

药剂防治

（1）种子处理，用 0.2% 的 50% 多菌灵可湿性粉剂溶液浸种 1 小时，或用 25% 适乐时悬浮液 10 毫升加水 200 毫升拌种 10 千克，包衣后播种。

（2）土壤消毒，播种或定植前，每平方米用 40% 棉隆 10~15 克与 15 千克过筛细土充分拌匀，撒施于 15 厘米土中覆膜熏蒸，隔 10 天后播种或定植，防止产生药害。

（3）定植后用 50% 多菌灵可湿性粉剂 800~1 000 倍液或 70% 噁霉灵可湿性粉剂 600 倍液灌根，每株灌药液 250 克。

10 问：夏季种植芹菜长势差，不少从根部芯开始腐烂，是什么问题？

河北省张家口市蔚县　李先生

答：李明远　研究员　北京市农林科学院植物保护环境保护研究所

从图片看，芹菜有2种问题。

（1）芹菜烂心，属于生理缺钙。主要是对土壤中钙素吸收不良。如土壤溶液浓度过高，氮肥过多或植株过度暴晒。可采用补钙及遮阴的方法缓解。补钙时，可用含钙素较高的叶面肥喷洒，缓解得较快；遮阳时，可使用遮阳网或苇帘。

（2）叶片上的病害像是芹菜叶斑病。可用多菌灵、苯醚甲环唑等农药防治。

蔬菜

11 问：芹菜倒伏死亡，是什么病，怎么预防？
江苏省　赵先生

答：李明远　研究员　北京市农林科学院植物保护环境保护研究所

从图片看，芹菜是得了细菌性软腐病。

防治方法

避免在发生过软腐病的田间种植芹菜或育苗，施用不带菌的粪肥，适当稀植，降温、控水、不使芹菜过于郁闭，植株过于柔嫩，预防各种会造成伤口的因子出现。病害发生初及时清除病株，并使用农用链霉素等杀细菌剂防治。

12 问：害虫幼虫取食芹菜的芯部和嫩茎，咀嚼式口器，是什么害虫，如何防治？

云南省　王先生

答：黄金宝 副研究员 北京市农林科学院植物保护环境保护研究所

从图片看，这种害虫应该是叶甲幼虫，可以用菊酯类杀虫剂进行防治。

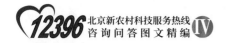

13 问：芹菜叶上有黄斑是什么病，怎么防治？
山东省　网友"打工者"

答：李明远　研究员　北京市农林科学院植物保护环境保护研究所

从图片看，芹菜发生的是叶斑病，又称为早疫病，是一种常见的芹菜病害。

防治方法

一般使用 75% 百菌清 60 倍液，或 50% 多菌灵 500 倍液，或 40% 代森锰锌 400 倍液，或 10% 苯醚甲硝唑 1 500 倍液等进行防治，均有效。

如果病害发展严重，可在喷药前人工清除一下病叶。此外，一般药剂防治的效果较慢（见效约 15 天），因此，需要每 7 天防治 1 次，连续 3 次后效果才明显。

14 问：油麦菜叶子发黄是什么病害？

浙江省丽水市 网友"丽水～西米露"

答：李明远 研究员 北京市农林科学院植物保护环境保护研究所

从图片看，应该属于生理病害。

油麦菜叶黄，明显营养不足，同时，由于植株长势弱，发生了叶部病害，应加强水肥管理，促壮，必要时，进行病害防治。

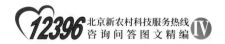

15 问：菠菜叶子上有孔洞，像是虫害，如何进行处理？
北京市平谷区　尹先生

　　答：李明远　研究员　北京市农林科学院植物保护环境保护研究所

　　叶片上出现孔洞，应当能找到害虫。如果在白天没找到虫子，可在夜晚进行观察。如果害虫已经化蛹了或因条件不适发生迁移，才会找不到虫子，但为害也会停止。可在田间仔细观察后再做决定。

答：李明远　研究员　北京市农林科学院植物保护环境保护研究所

从图片看，如果叶背面有白霉，就是霜霉病，用霜脲锰锌防治。

一

蔬
菜

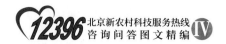

17 问：土豆品种"荷兰15"叶片背面有黑点，是什么病，打什么药？

北京市　网友"清风"

答：黄金宝　副研究员　北京市农林科学院植物保护环境保护研究所

从图片看，可能是马铃薯晚疫病。

防治方法

可用烯酰吗啉、克露、普力克、吡唑醚菌酯等药剂进行防治。

18 问：马铃薯一个籽种出 2 个以上苗，需要间苗吗？

河北省　网友"河北～郝～马铃薯"

答：张宝海　研究员　北京市农林科学院蔬菜研究中心

根据种植的密度，可以确定留苗数，如果种植较稀，可以留苗多一些。一般种植不用间苗，根据情况可以选择 3 个左右的健壮枝留下，小枝、弱枝可以去掉，这样结薯均匀。

一

蔬菜

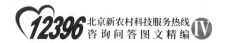

19 问：土豆芯变褐色是怎么回事，还能吃吗？
山西省　网友"潮流前的风"

答：陈春秀　推广研究员　北京市农林科学院蔬菜研究中心

从图片看，马铃薯中心的部分已经变褐色，说明已经产生了大量毒素。这种土豆建议不要食用了。另外，贮存土豆时，一定要避光，放在 0~4℃的温度条件下，能够保存较长时间。

土豆在室温下放时间长了，就会发芽，产生一种称为龙葵素的物质，也称为马铃薯毒素，是一种有毒的糖苷生物碱。未成熟的或因贮存时接触阳光引起表皮变绿和发芽的马铃薯，每百克中龙葵素的含量可高达 500 毫克，如果大量食用这种马铃薯就可能引起急性中毒。

20 问：韭菜留根收割可以收几茬？

北京市顺义区　石先生

答：陈春秀　推广研究员　北京市农林科学院蔬菜研究中心

韭菜为多年生的蔬菜，种一茬最长可收获 13 年。同时，韭菜一年可以多次采收，最多一季可以收获 8 茬。每次收获后，要进行松土、施肥、浇水，促进地上部生长。在温度、湿度、光照合适时，20 天就可以收获 1 次。

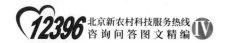

21 问：水培韭菜一亩需要投资多少钱？
河北 网友"良心无价"

答：陈春秀 推广研究员 北京市农林科学院蔬菜研究中心

水培韭菜有 2 种方式，不同的方式投资不同。

（1）简易的地表式水培。在地面挖 30cm 深的槽，或用砖垒砌槽，做好防水，用水泥抹好。旁边需建 10 立方米的营养液池配套，这种方式每平方米需投资 50 元左右。

（2）床式可移动漂浮槽式栽培。栽培床与育苗床形式一样，栽培床每平方米建造成本 150 元，配套的可移动式水培槽每平方米为 140 元左右。也就是说，这种形式的水培韭菜建造成本每平方米在 300 元左右，不含营养液池建造成本，一亩地需投资 20 万元左右。

22 问：韭菜叶片上有大量白点，是怎么回事？
山东省　网友"打工者"

答：李明远　研究员　北京市农林科学院植物保护环境保护研究所

从图片看，是韭菜灰霉病。症状是白点型，即在叶片上形成许多白点，这种症状在韭菜叶片的生长期容易出现，因此，在 2 次采收之间，需要进行防治。

防治方法

韭菜如果一个月采收 1 次，那么中间时间就需要喷 2~3 次农药。建议使用硫菌·霉威（万霉灵）、嘧霉胺（施佳乐）等药剂进行防治。

一

蔬菜

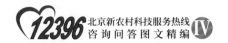

23 问：大葱干尖是怎么回事？

河北省 网友"鲜量农场"

答：黄金宝 副研究员 北京市农林科学院植物保护环境保护研究所

从图片看，大葱干尖应该不是传染性病害，可能是生理病害。即由环境不适造成的，如温度高或低、旱涝、风吹或生长素危害等。可针对性找出原因消除就行了，不用打药。图片中个别葱叶中有白点，可能是蓟马为害所致，可喷施菜喜等杀蓟马的药剂进行防治。

24 问：种植生姜出现卷叶和黄叶是什么原因，如何防治？
山东省　种植户

答：单福华　高级农艺师　北京市农林科学院杂交小麦工程技术研究中心

从图片看，种植生姜出现卷叶和黄叶的原因需要多方考虑。

除了品种问题外，从营养方面看缺素也会引起卷叶和黄叶；气温过高或过低都会造成根系发育差而卷叶和黄叶；除草剂药害、干旱和雨水过多、姜瘟病害、线虫病和蓟马为害都会引起卷叶和黄叶。因蓟马虫体过小，不易观察，若为蓟马危害，将卷曲的芯叶剥开，即可见极小的虫体跑动。

药剂防治

可用低毒药剂70%吡虫啉或3%啶虫脒叶面喷雾，可混配展着渗透剂以增强药效。

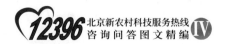

25 问：自有肥料检测报告如下，是否可以作为种植蔬菜的基肥，能否育苗用？

山东省　赵女士

潍坊市方正理化检测有限公司检验报告附页

编号：（2018）2013946　　　　　2018 年 9 月 19 日　　　　共 2 页 第 2 页

序号	检　验 项 目 名 称	技　　术 标 准 要 求	计 量 单 位	检 验 结 果	单项 判 定	备注
1	氮	—	%	1.6	实测值	
2	五氧化二磷	—	%	6.1	实测值	
3	氧化钾	—	%	2.0	实测值	
4	总养分	—	%		实测值	
5	有机质	—	%		实测值	
6	水分	—	%	5.8	实测值	
7	pH	—		8.84	实测值	
8	粪大肠菌群		MPN/g	93	实测值	
9	蛔虫卵死亡率			未检出	实测值	

答：陈春秀　推广研究员　北京市农林科学院蔬菜研究中心

参考我国有机肥料标准 NY 525，从检测报告结果看，其中，磷的含量较高，氮磷钾的总含量达到 9.7%，高于标准大于 5% 的要求，水分含量也符合要求。但其有机质含量为 37.6%，低于标准大于 40% 的要求，pH 值为 8.84，高于 5.5~8.5 的要求，碱性过强；另外，粪大肠菌群为 93 个 / 克，小于 100 个 / 克的标准要求下限，因此，这种肥料如果进行市场销售是不合格的。如果自用，适宜做大田的底肥，不宜用做育苗的种肥。

26 问：蔬菜根上长有根结线虫有办法治愈吗？

陕西省　网友"吊瓜瓜蒌种植"

答：黄金宝　副研究员　北京市农林科学院植物保护环境保护研究所

蔬菜根结线虫一旦传入，很难根治。防治线虫，除了高温闷棚和冬季晒垡外，还可以用下面的方法防治：

（1）用噻唑磷（福气多）、阿维菌素等颗粒剂进行土壤处理。在定植前，按使用剂量，均匀撒在定植穴中，与土壤混匀后立即定植植物。

（2）用阿维菌素等水乳剂，在定植后按使用剂量喷根。

如果是定植后作物根上长有根结线虫，只能用阿维菌素等水乳剂最高浓度灌根，5~7天1次，连续3次，可起到一定的防治效果，但不可能完全治愈。

蔬
菜

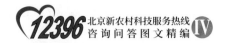

27 问：香椿树上是什么虫子，怎么防治？
北京市密云区　网友"草莓蔬菜密云"

　　答：徐筠　高级农艺师　北京市农林科学院植物保护环境保护研究所

　　从图片看，香椿树上的虫子是斑衣蜡蝉的低龄若虫。

防治措施

　　（1）若虫和成虫发生期，用捕虫网进行捕杀。

　　（2）若虫发生期药剂防治，可选择的药剂：2.5%溴氰菊酯乳油8 000倍加农用有机硅渗透剂3 000倍；10%氯氰菊酯乳油3 000倍加农用有机硅渗透剂3 000倍。

28 问：莲藕是怎么回事？

广西壮族自治区　网友"携手未来"

答：徐筠　高级农艺师　北京市农林科学院植物保护环境保护研究所

从图片看，可能是缺硼的表现。

补救措施

（1）施硼肥时期。应在 6 月底至 7 月初及时补施硼肥，硼肥追施时期不宜超过 7 月上旬。

（2）施硼肥量。严重缺硼的每亩施 1~1.2 千克；中等缺硼的亩施 0.8~1 千克；轻微缺硼的施 0.5~0.7 千克。注意施硼肥量不是越多越好，每亩施用量要严格控制在 0.5~1.2 千克，若超过 2 千克，就会出现硼中毒症状，明显减产。

（3）施硼肥方法：按硼砂用量加 10 千克干细土或干细沙充分拌匀，分厢从走行间入田，两边等量撒施。撒施后及时用长耙把表土与硼砂充分混匀，然后保持浅水，直至收挖前排水期为止。

一

蔬菜

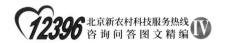

29 问：露天种植的雪里红叶子变黄，有蚜虫，使用"抗蚜威"和"吡虫啉"防治效果不好，怎么办？

北京市　网友"小张　个体蔬菜"

答：李明远　研究员　北京市农林科学院植物保护环境保护研究所

从图片看，蚜虫为害较为严重，防治效果不好可能是总使用一种农药或防治过晚的原因。

建议

换用药效相似的其他农药进行防治，如噻虫嗪、啶虫脒、高效氯氟氰菊酯。

30 问：施羊粪的土豆和地瓜地里面有大量小白虫蛴螬，用什么办法可以去除？

山西省 网友"忍者"

答：黄金宝 副研究员 北京市农林科学院植物保护环境保护研究所

蛴螬也叫地蚕，主要发生在未腐熟的粪中，以鸡粪最多，羊粪没有腐熟也会有。为减少地蚕，应尽量将畜禽粪腐熟再施。

防治方法

（1）化学防治。亩用 5% 毒死蜱颗粒剂 2~3 千克，与土混合均匀后开沟条施，覆土后浇水 1 次，或用 40% 毒死蜱乳油每亩 380~400 毫升拌炉渣或粗沙 20~30 千克开沟穴施，或用 40% 毒死蜱乳油每亩 380~400 毫升灌根，施药后立即浇水，也可用辛硫磷、菊酯类农药灌根，使用浓度是喷雾浓度的 1 倍，能有效控制蛴螬的为害。

（2）物理防治。

①药枝诱杀：成虫出土高峰期，将新鲜的榆树枝条截成 50~70 厘米长，用 40% 毒死蜱乳油 500~800 倍液均匀喷在树枝上，每亩插 4~5 把。

②火堆诱虫：可于傍晚时分，选择成虫比较多的树下，堆积作物秸秆或干草等可燃物，点燃后摇动树体，成虫就会飞进火堆。

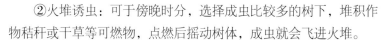

一 蔬菜

31 问：山豆根苗是什么病，用什么药打好？

广西壮族自治区靖西市　马先生

答：李明远　研究员　北京市农林科学院植物保护环境保护研究所

从图片看，应当是发生了苗期的猝倒病。豆科植物在高湿、阴冷以及多病的环境下易发生猝倒病，引起幼苗倒伏、死亡。

防治措施

（1）选择背风向阳的地方作苗床，必要时，在棚室里进行，保证苗子对温湿度的需求。

（2）育苗时，应做到土地平整，使苗床不出现过干过湿的情况。

（3）育苗时，采用变温管理，保证出苗快、缓苗快、抗寒抗病力强。

（4）真叶期注意追施提苗肥，保证足够的阳光，增强植株的抗病力。

（5）发病后使用药剂防治。使用噁霉灵、普力克、甲霜灵等药液，可直接灌根，也可采用喷雾器灌根。

32 问：麻山药重茬栽培后引起水疔、水痘的问题，用什么药防治效果好呢？

河北省　网友"农民"

答：李明远　研究员　北京市农林科学院植物保护环境保护研究所

从图片看，可能存在线虫问题，可用噻唑膦（又称：福气多、伏线宝）试试。

预防措施

（1）可亩用噻唑膦1瓶（500毫升）随水冲施或对水2 000倍喷施、浇灌移栽窝。

（2）线虫侵入作物后，根据线虫为害程度亩用噻唑膦1~2瓶随水冲施或对水750~1 000倍灌根。

一

蔬菜

33 问：鱼腥草如何进行繁殖？
北京市顺义区　网友"北京七彩佳合安妮农庄蓝色的梦"

答：陈春秀　推广研究员　北京市农林科学院蔬菜研究中心

鱼腥草主要是营养繁殖。可以到菜市场或批发市场买一点鱼腥草，然后从生长点向下留3段茎剪断，利用营养体进行繁殖。在种植的地上开沟，把两段平放埋上，生长点那节露在外面，下面埋1厘米的土即可。埋好后保持土壤湿润，地下部分7天就可以长出根，地上部开始生长，以后可以不断发出侧枝。

34 问：看到一种在纸上种植芽苗菜的技术报道，这种技术成熟吗？作为创业项目风险性如何？

湖南省　杨先生

答：张宝海　研究员　北京市农林科学院蔬菜研究中心

这种纸上种菜的技术确有报道。实际上纸上种菜的说法不科学，芽菜的生长跟纸没多大关系。若要实施这个项目，就要考虑实际问题，主要是芽苗菜销售问题，总体上芽苗菜当前的市场有限，因此，需要谨慎发展。生产技术上不是太难，容易学会，可以进行学习，最好向技术方询问是否能够回收产品，如果能回收，风险相对较低，如果不回收，需要慎重考虑。

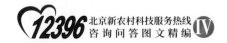
35 问：同一袋里的菠菜籽播种后为什么有的发芽生长好，而有的没有发芽或生长差？

北京市顺义区　石先生

答：张宝海　研究员　北京市农林科学院蔬菜研究中心

问题涉及种子的发芽率和发芽势问题。目前商品蔬菜种子国家都有种子质量标准的，不同作物的种子标准也不一样。质量越好的种子，发芽率高、发芽整齐度好，当然这也要看播种时的条件，是不是适合这种种子发芽。播种时土地的干湿度不同、播种的深浅不同都会影响种子的发芽。还有土壤不明物质如激素、除草剂、酸、碱等外界条件，都会影响种子的发芽状况以及发芽后的生长。

出现这种情况可能是由于菠菜种子的发芽率和发芽势不过关。

建议

购买有信誉大公司的种子，减少此类因种子质量带来的生产问题。

36 问：重楼是灰霉病吗？怎么防治？
福建省　网友"福建农科院清"

答：李明远　研究员　北京市农林科学院植物保护环境保护研究所

从图片看，重楼应该是发生了灰霉病。

防治方法

（1）清除病株残体。清除时将病部用塑料袋套住，防止病菌飞散。

（2）药剂防治。可用的农药较多，包括啶氧菌酯、啶酰菌胺、咯菌腈等。

一
蔬菜

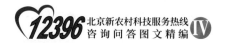

37 问：重楼该怎么种植？

云南 网友"龙"

答：陈文良 研究员 北京市农林科学院植物保护环境保护研究所

栽培方法

（1）催芽处理。重楼在4—5月播种。重楼要选择成熟的果实饱满的种子，把种子装入袋内，用一层湿润的土壤、一层种子的方式，放在室内进行催芽处理，等种子长出新根时再行播种。在催芽处理时，室内土壤要保持湿润，空气相对湿度要求60%以上。

（2）播种方法。种子播撒在温室苗床上，播种后覆土1.5厘米，当年出苗率在60%~70%。

播种前温室苗床要求土壤整平，疏松，除草，要消毒灭菌和杀虫处理，土层厚度20厘米以上。

（3）播后管理。当年生幼苗抗性弱，要加强水分、温度和病虫害防治的管理。

土壤长期保持湿润，空气相对湿度保持在50%~80%，温度保持在28~30℃，苗床要保持花阴凉条件；要注意预防病虫害，发现杂草要及时拔除。出现病害时，温室内喷施5 000倍液必洁仕牌二氧化氯消毒剂进行防治；有害虫时，喷施菇净1 000倍液进行杀虫处理或者使用4.5%高效氯氰菊酯可湿性粉剂1 000倍液喷雾栽培环境。

（4）移栽假植。第二年夏天开始间苗，将生长健壮的好苗，按照株距10厘米、行距10厘米，定植在露地苗床上，浇足底水，成活后就可供大田移栽种植。移栽后出现病虫害按前法管理。

北京新农村科技服务热线
咨询问答图文精编 Ⅳ

第二部分　果　树

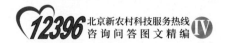
（一）苹果

01 问：苹果树有几个枝子叶片出现黄色斑驳，是怎么回事？

山东省烟台市 网友"黑狼"

答：徐筠 高级农艺师 北京市农林科学院植物保护环境保护研究所

从图片看，是苹果花叶病。

防治措施

（1）选用无毒接穗及砧木。

（2）实行检疫制度。发现病苗拔除烧毁，新发现病树，应立即砍除，把病株连根刨掉，对病树较多的果区，划定为疫区，进行封锁。疫区不准建立繁殖材料园，也不准向外调运接穗，并对病株进行逐年淘汰或砍伐。此类病毒目前尚无治疗方法，如能彻底、及时铲除病树，此类病害就可得到控制。

（3）避免与梨树并栽。

02 问：苹果叶片是什么病，怎么防治？
山东省烟台市　网友"种植桃子苹果黑狼"

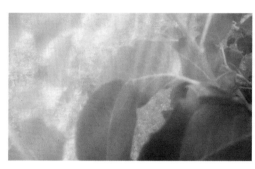 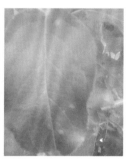

答：徐筠　高级农艺师　北京市农林科学院植物保护环境保护研究所

从图片看，是发生了锈病，又称赤星病、黄斑病、羊胡子病，病菌在桧柏等染病组织中越冬。春季 4 月间随风雨侵入果树的嫩叶、新梢、幼果上。当苹果、海棠、梨树芽萌发，幼叶初展时，如天气多雨，同时温度对冬孢子萌发适宜，发病严重。

防治方法

（1）清除果园 5 千米范围内的桧柏等转主寄主，若不能砍除的话，应在每年春季果树发芽前对柏树喷药 3~5 波美度石硫合剂 1~2 次，消灭越冬病菌。

（2）在果树萌芽至展叶后 25 天内施药，若雨水多，还应在花前喷 1 次，花后喷 1~2 次。使用药剂：25% 三唑酮（粉锈宁）粉剂或乳剂 3 000~4 000 倍液 1~2 次；6 月以后，喷 1：2：240 波尔多液，每 15~20 天喷 1 次，连续 3~4 次。

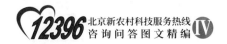

03 问：苹果树叶黄化脱落，是什么病，怎么防治？

北京市延庆区　网友"福气冲天"

答：徐筠　高级农艺师　北京市农林科学院植物保护环境保护研究所

从图片看，症状主要发生在果树下部，这些叶片在早期发育中受到某种因子的伤害，如冻害、水淹或其他，导致早期落脱，应是一种生理性的病变。另外，可检查一下叶背部，好像有金纹细蛾为害状。

防治措施

（1）加强栽培管理，搞好夏季和冬季修剪，保证果园通风透光，注意排灌。

（2）每年8月20日左右增施有机肥。

（3）金纹细蛾在落花后7~10天及时防治1次，可控制全年为害，有效药剂为灭幼脲。

（4）最好苹果生长季节6月下旬至8月下旬每隔20天左右喷波尔多液3~4次。

问：苹果是怎么回事？
河北省　网友"久而旧之ぃ"

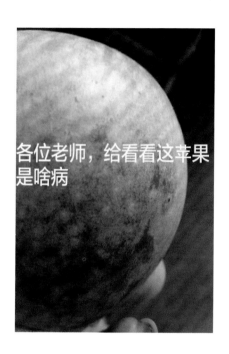

各位老师，给看看这苹果是啥病

　　答：徐筠　高级农艺师　北京市农林科学院植物保护环境保护研究所

　　从图片看，可能是苹果锈果病，由类病毒引起。嫁接、病健根的自然接触、在病树上用过的刀、剪、锯等工具也可传染，蚜虫、叶蝉等也可以传播病原物。

建议

　　目前尚无有效药剂，建议发现病树应彻底刨除、烧毁。

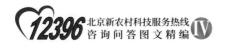

问：苹果还没熟，就变褐腐烂，怎么回事？

山东省　网友"聊城～～刘"

答：徐筠　高级农艺师　北京市农林科学院植物保护环境保护研究所

从图片看，可能是苹果褐腐病。病害的流行主要和雨水、湿度有关，多雨高温条件下发生较重。

防治措施

（1）认真防治食心虫、桃柱螟，减少伤口。

（2）结合冬剪清除枯死枝条。

（3）加强雨季排水，降低园内湿度。

（4）药剂防治。苹果发芽前喷 5 波美度石硫合剂。果实采收前 1 个月喷 2 次杀菌剂，中间间隔 15 天。可选的药剂有：24% 应得悬浮剂 2 500 倍液；30% 特富灵悬浮剂 2 000 倍液；75% 达克宁可湿性粉剂 600 倍液；80% 大生可湿性粉剂 600 倍液；50% 扑海因可湿性粉剂 1 000 倍液；40% 施佳乐可湿性粉剂 1 200 倍液。以上药剂加有机硅 3 000 倍液防效好。

06 问：有机苹果套袋前打什么药？

北京市延庆区 网友"延庆有机果园_李先生"

答：徐筠 高级农艺师 北京市农林科学院植物保护环境保护研究所

有机苹果套袋前打药主要是预防易发生的病虫害，主要防治的病虫害及防治措施如下：

（1）苹果斑点落叶病。重点保护春梢叶，根据春季降雨情况，从落花后10~15天开始喷药，喷洒3~5次，每次间隔15~20天。效果较好的药剂有：3%多抗霉素水剂600~1 000倍液，10%多氧霉素1 000~1 500倍液，4%农抗120果树专用型600~800倍液，可加农用有机硅渗透剂3 000倍液。以上3种药属生物制药，对果树真菌性病害具有治疗效果，是有机农业的首选绿色农药。

（2）苹小卷叶虫、金纹细蛾等，用昆虫性诱剂防治法。

① 诱杀：成虫发生期用苹小卷叶虫和金纹细蛾性诱剂诱杀成虫，诱杀每50株树挂一诱捕器。② 迷向法：有市售迷向丝等，每亩约挂20个。③ 测报：利用昆虫性外激素诱芯进行测报，测报全园挂3个诱捕器。将市售橡胶头为载体的性诱芯，悬挂在一直径约20厘米的水盆上方，诱芯距水面2厘米，盆内盛清水加少许洗衣粉。然后将水盆诱捕器挂在果园里，距地面1.5米高，每日或隔日记录盆中所诱雄蛾数量，即可统计出蛾（成虫）高峰。一般蛾高峰后1~3日，便是卵盛期的开始，马上安排喷药，在蛾高峰期喷0.5%苦参碱水剂200倍液等植物源杀虫剂可加农用有机硅渗透剂3 000倍液。昆虫性诱芯中科院动物所有售，或到当地植保站购买。

（3）山楂叶螨、二斑叶螨防治。麦收前喷10%浏阳霉素1 000倍液，可加农用有机硅渗透剂3 000倍液。

二

果树

109

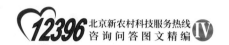
07 问：新栽的苹果树，叶子出来后又干了，树干上有黑色
斑点，是什么病？

北京市延庆区　李先生

答：徐筠　高级农艺师　北京市农林科学院植物保护环境保护研究所

从图片看，可能是苹果干腐病，干叶的树已经死了。

防治措施

（1）落叶后、萌芽期，全树喷洒5%菌毒清500倍。

（2）全年随时刮治新生的病斑并将刮下的病皮集中烧毁或深埋，刮治病斑时应上下刮，将病斑周围健康的表皮刮去2cm左右，然后在去皮的组织上用小刀，画"井"形的刻痕后，在病部涂抹5%菌毒清10倍液或石硫合剂或托福油膏等。在日常的果园管理中，应避免造成各种伤口，并注意防治蛀干害虫，减少病原菌侵染的机会。

（3）加强果园管理，改良土壤，合理施肥灌水，科学整形修剪，改善通风透光条件，增强树势，提高抗病能力。8月下旬结合施基肥，应深挖树盘，改善核桃树根际的土壤条件，施有机肥要充分熟化，以免烧根。

08 问：苹果树天牛如何防治？

山西省 网友"平安果.岐山代办"

答：徐筠 高级农艺师 北京市农林科学院植物保护环境保护研究所

苹果树天牛防治方法

（1）人工捕捉成虫。6—7月，成虫发生盛期，从中午到15∶00前，进行人工捕捉。用绑有铁钩的长竹竿钩住树枝，用力摇动，害虫便纷纷落地，逐一捕捉。

（2）涂白主要枝干。化冻后在树干和主枝上涂白，防止成虫产卵。

（3）提前杀死幼虫。9月前孵化出的桃红颈天牛幼虫即在树皮下蛀食，这时可在主干与主枝上寻找细小的红褐色虫粪，一旦发现虫粪，即用锋利的小刀划开树皮将幼虫杀死。也可在翌年春季检查枝干，一旦发现枝干有红褐色锯末状虫粪，即用锋利的小刀将在木质部中的幼虫挖出杀死。

（4）大龄幼虫虫孔施药。清理一下树干上的排粪孔，向蛀孔填敌敌畏棉条、用一次性医用注射器，向蛀孔灌注50%敌敌畏800倍液或10%吡虫啉2 000倍液，然后用泥封严虫孔口。

（5）药物防治。6—7月成虫发生盛期和幼虫刚刚孵化期，在树体上喷洒杀10%吡虫啉2 000倍液，7~10天喷洒1次，连喷几次。

09 问：苹果根部有疙瘩是什么病，怎么防治？
甘肃省　杨先生

答：徐筠　高级农艺师　北京市农林科学院植物保护环境保护研究所

从图片看，苹果树根部的疙瘩是苹果根癌病，是由土壤致病杆菌引起。致病菌在土壤中广泛存在，特别是主栽区华北，凡有果树种植的地区都有根癌病发生，核果类果树更严重。致病菌多从伤口侵染，病害发生初期地上部无表现，待地上部表现出生长衰弱等不正常时，根部已经严重受害了，因此，根癌病的防治特别强调预防为主，即在病害发生前采取必要措施。过去对根癌病没办法解决，现在已经有了防效极高的活体生物制剂抗根癌剂1号。

使用抗根癌剂1号防治根癌病的方法

（1）幼苗定植时，用抗根癌剂1号加水1~5倍调成黏泥状蘸根，药液要超过根颈部5厘米，蘸根后避免阳光尽快栽植。此法的防治效果在95%以上。

（2）育苗时，用抗根癌剂1号加水1倍拌种，可减少根癌苗的发生。

（3）对已患病幼树，将根瘤切除后用抗根癌剂1号加水1倍涂抹伤口，防效为47.1%。

（4）挖除重病和病死株，及时烧毁。

（二）梨树

01 问：梨整棵树叶子上先出现褐色斑块，然后整叶干死，是什么问题，如何救治？
北京市房山区　丁先生

答：鲁韧强　研究员　北京市林业果树科学研究院

从图片看，梨树叶片干枯是日灼伤害。是由于气候异常，出现连续干旱高温，使叶片温度过高，蒸腾水分供应不足而造成的叶灼伤。这种情况主要发生在弱势树或树的南侧，阳光直射部位的叶片受灼伤。图上梨树树势太弱且枝量少，荫蔽作用差，所以，日灼面积大。

防治方法

目前少量树可用遮阳网进行遮挡，长远看对弱树加强肥水管理，适当减少留果，尽快恢复树势。

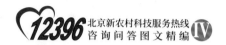
02 问：梨果表面锈色，是怎么回事？
陕西省晋州市　孙先生

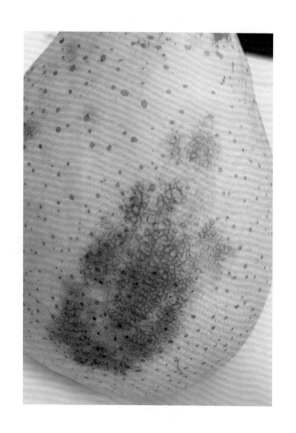

答：鲁韧强　研究员　北京市林业果树科学研究院

从图片看，梨果表面锈色，应是解袋后阳光直射或风嗖造成果皮细胞破损，破损的细胞长出愈伤组织形成的果锈。在树冠阳面及外围通风好的部位表现严重，树冠内膛则表现轻。由于气候条件异常，这种摘袋后的梨锈果也较多。

03

问：梨树树皮干腐，刮开树皮流出的东西感觉比较黏，是什么病？

新疆维吾尔自治区库尔勒市　网友"库尔勒特产"

答：徐筠　高级农艺师　北京市农林科学院植物保护环境保护研究所

从图片看，梨树可能是发生了腐烂病。腐烂病病部皮层组织变软、易撕破，有酒糟味。防治该病必须以加强栽培管理、培育壮树、提高树体抗病力为核心，具体防治措施如下。

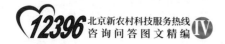
防治措施

（1）加强栽培管理，科学施肥浇水，立秋后施有机肥，合理修剪，适量留果，增强树势，以提高抗病力。

（2）及时防治病虫害，以防蛀果；防止机械损伤，对修剪后的大伤口，及时涂抹油漆或动物油，以防止伤口水分散发过快而影响愈合。

（3）从幼树期开始，坚持每年树干涂白，防止冻伤和日灼。树干涂白剂的制作方法及使用方法：生石灰10份、石硫合剂2份、食盐1份、油脂（动植物油均可）少许、黏土2份、水40份，搅拌均匀后进行树干涂白。涂白部位主要是树干基部（高度在0.6~0.8米为宜），有条件的可适当涂高一些，则效果更佳。涂白每年进行2次。分别在落叶后和早春进行。早春涂白时间的确定条件是在涂后晾干前不结冰的前提下，越早越好，新栽植的树木应在栽后立即涂。

（4）全年经常检查，发现病疤及时刮除，用快刀立茬刮干净，刮后涂以腐必清2~3倍液，或5%菌毒清水剂30~50倍液，或2.12% 843康复剂5~10倍液等，每隔30天涂1次，共涂2~3次，坚持涂2年。

（5）每年春季发芽前喷5度石硫合剂，生长季喷施杀菌剂时要注意全树各枝干上均匀着药。

04 问：梨怎么防治灰喜鹊等鸟患？
北京市大兴区　网友"唐星"

答：徐筠　高级农艺师　北京市农林科学院植物保护环境保护研究所

预防措施

（1）可采用驱鸟剂薰防，减少为害。挂驱鸟剂，每株树挂一个或一亩地挂70~80瓶，效果还不错。驱鸟剂可在网上购买。

（2）可尝试在果园饲养适当数量的鹅，鹅的领地意识很强，见飞鸟即大叫驱赶，还能起除草作用。

（3）在果园周围用塑料布衬底做几个小水池，可供飞鸟喝水。北方多年干旱，河塘干涸，鸟儿无处饮水，偷吃水果也属无奈。

二

果
树

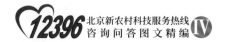
（三）桃、李、杏、樱桃

01 问：桃果是怎么回事？
北京市平谷区　景先生

答：徐筠　高级农艺师　北京市农林科学院植物保护环境保护研究所

从图片看，桃果应该是受到害虫为害流胶，有伤口的是咀嚼式口器的害虫为害，一般可能是金龟子成虫，没伤口的一般是蝽象为害所致。

问：桃树是什么情况，用什么药物去治疗？

河南省　张先生

答：徐筠　高级农艺师　北京市农林科学院植物保护环境保护研究所

从图片看，第一张是伤口，第二张是日灼伤。

防治措施

（1）农事操作要小心，尽量注意不要碰伤枝条。

（2）树干涂白，防止树干日灼、晚霜、抽条、冻伤。涂白剂的制作方法及使用方法：生石灰10份、石硫合剂2份、食盐1份、油脂（动植物油均可）少许、黏土2份、水40份，搅拌均匀后进行树干涂白。涂白部位主要是树干基部（高度在0.6~0.8米为宜）和果树主枝中下部、有条件的可适当涂高一些，则效果更佳。涂白每年进行2次。分别在落叶后和早春进行。早春涂白时间的确定条件是在涂后晾干前不结冰的前提下，越早越好，新栽植的树木应在栽后立即涂。

（3）果园进行生草、割草栽培，改善园区生态环境，调节果园小气候；适时灌水。

二

果树

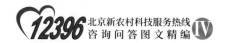
03 问：解冻刚栽的桃树，卷曲的叶子里有小白虫子，怎么防治？

北京市大兴区　网友"大兴~~种植~~庞"

答：徐筠　高级农艺师　北京市农林科学院植物保护环境保护研究所

从图片看，是苹小卷叶蛾发生为害。

防治措施

（1）越冬幼虫出蛰期防治苹小卷叶蛾的关键期。花前、花后喷洒 2 遍药剂可控制全年为害。

（2）当寄主果树花芽开始萌动时，幼虫即开始出蛰活动取食。当桃、李树达到花芽膨大后期，苹果树达到花序分离期，幼虫绝大部分皆已出蛰，但尚未卷叶时，是防治的极有利时期。喷 25% 灭幼脲三号 1 500 倍液，或 20% 杀灭菊酯乳油 4 000 倍液。

（3）落花后 7~10 天，喷 25% 灭幼脲三号 1 500 倍液，或 20% 杀灭菊酯乳油 4 000 倍液。

以上药剂加有机硅 3 000 倍液防效好。

04 问：桃园里有几棵桃树叶小梢弱，是怎么回事？

北京市大兴区　网友"吝啬鬼"

答：鲁韧强　研究员　北京市林业果树科学研究院

从图片看，桃树干、枝发病表现不明显，只是树冠下部叶小梢弱。经验判断可能是由于上年树下杂草丛生，喷草甘膦除草剂时喷在树冠下部枝叶，故抑制了下部枝叶的生长，严重时可死树。

建议

可加强水肥管理，促进尽快恢复树势。

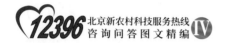
05 问：桃树叶子发黄是咋回事呢？

河南省平顶山市　刘先生

答：徐筠　高级农艺师　北京市农林科学院植物保护环境保护研究所

从图片看，桃树黄叶，是典型的缺铁症。盐碱地、施磷肥多或灌水多，到雨季都极易表现缺铁症。在同一地块的几棵树黄，是这几棵树地势洼易积水或树势弱造成的。要控制灌水，树下松土透气，树上喷柠檬酸铁或其他螯合铁，植株才能吸收和运输，可缓解叶片缺铁症状。

问：桃尖上有一个"小水珠"，像是流胶，怎么回事？

北京市东城区　景先生

答：鲁韧强　研究员　北京市林业果树科学研究院

从图片看，桃幼果果尖上的"小水珠"，就是幼果流胶。幼果坐果后，花朵脱落其柱头脱落后在果尖上留下痕迹，在雨水多的情况下果内膨压较大，果尖的柱头痕迹是薄弱点，易从此弱点处产生流胶，对幼果生长没有大的影响。

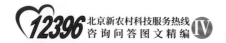

07 问：5年生桃树，去年换头，今年结果，怎样管理晚熟
果才大？

河南省　网友"盛军果苗、盆景繁育"

答：鲁韧强　研究员　北京市林业果树科学研究院

桃幼树由于生长旺，新梢生长期长，与果实生长养分营养竞争
激烈，故桃幼树结果偏小。若想桃长得大，冬剪实行长梢修剪缓和
枝势或用多效唑控梢。只要把新梢长度控制住，在果实膨大期及时
停长，就能及时为果实输送营养，果个就能长大。

08 问：桃流胶病怎么治？

北京市延庆区　网友"延庆有机果园 _ 李先生"

答：鲁韧强　研究员　北京市林业果树科学研究院

桃流胶病防治措施

（1）改种抗寒品种。

（2）树干涂白。此法可以防止树干冻伤、晚霜、抽条、日灼。涂白剂的制作方法及使用方法：生石灰 10 份、石硫合剂 2 份、食盐 1 份、油脂（动植物油均可）少许、黏土 2 份、水 40 份，搅拌均匀后进行树干涂白。涂白部位主要是树干基部（高度在 0.6~0.8 米为宜）和果树主枝中下部、有条件的可适当涂高一些，效果更佳。涂白每年进行 2 次，分别在落叶后和早春进行。早春涂白时间的确定条件是在涂后晾干前不结冰的前提下，越早越好，新栽植的树木应在栽后立即涂。

（3）桃树枝干流胶病致病菌是真菌，来自枝条枯死部位，经风雨传播，由皮孔侵入进行腐生生活，待树体抵抗力降低时向皮层扩展，翌年春枝干含水量降低，病菌扩展加速直达木质部，被害皮层褐变死亡，树脂道被破坏，树胶流出。防治枝干流胶病关键技术是培养壮树，加强栽培管理，做好防冻、防日灼、防虫蛀等，用药只是辅助手段。对流胶过多无保留价值的枝干进行疏剪，对少数胶点的枝干将病皮刮除后，涂百菌清 50 倍液或菌毒清 10 倍液，连续涂 2~3 遍，间隔 20 天，连涂 2 年。

二

果树

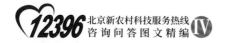

09 问：桃果实发褐腐烂，怎么防治？

北京市　张先生

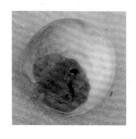

　　答：徐筠　高级农艺师　北京市农林科学院植物保护环境保护研究所

　　桃腐烂一般是褐腐病。褐腐病菌腐生性强，很难从果面直接侵染，多从蝽象、梨小食心虫、桃蛀螟造成的伤口侵入，有些桃缝合线处易变软，病菌较易侵染。病害多在桃果近成熟期和成熟期发生，在树冠郁闭、湿度大的桃园或近成熟期降水多的年份发生较多。

防治措施

　　（1）防治蝽象、梨小食心虫、桃蛀螟，尤其解袋以后重点防治梨小食心虫，每年桃树新梢期4月上旬和解袋时开始在果园内悬挂梨小食心虫性信息素诱捕器进行测报成虫高峰期，各诱芯之间相距50米以上，每日统计所诱成虫数。当蛾量突增时，即可喷药。防治梨小食心虫可选药剂：25%灭幼脲3号悬浮剂2 000~3 000倍液＋有机硅3 000倍液；Bt乳剂500倍液＋有机硅3 000倍液。

　　（2）加强栽培管理，及时夏剪，桃园要通风透光，及时排水，降低桃园湿度，结合冬剪，清除僵果、枯死枝条。

　　（3）药剂防治。芽前喷1次80%成标干悬浮剂500倍液或5波美度石硫合剂。桃果采收前30天和15天喷2次杀菌剂，可选药剂有30%特富灵2 000倍液；24%应得悬浮剂2 500倍液；80%大生600倍液；50%扑海因1 000倍液；50%农历灵干悬浮剂1 000倍液。以上药剂加有机硅3 000倍液效果好。

10 问：桃园生草效果怎么样？
江苏省　网友"江苏兆绿农科"

春季（鼠茅草）

夏季（鼠茅草）

答：鲁韧强　研究员　北京市林业果树科学研究院

桃园生草栽培是现代果园提倡的土壤管理方法。果园生草在不妨碍果树生长的情况下，可增加果园的生物量，提高土壤肥力和果园生物多样性，改善果园水热条件，有利于果园生态恢复。因此，果园种植绿肥和自然生草可在生产中推广。但生草就必须管理，需进行割草，既保持一定的生物量，又控制不影响果树生长。从生态和经济方面考虑，自然生草更为科学和实际。

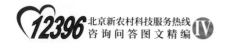

11 问：桃树化控，多效唑用多少倍喷施合适，如何勾兑？
江苏省　张先生

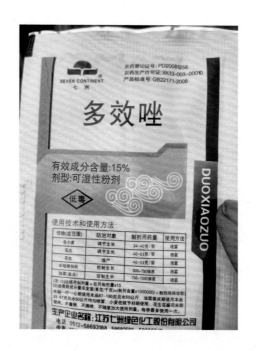

答：徐筠　高级农艺师　北京市农林科学院植物保护环境保护研究所

多效唑含量多为15%，桃树应用200倍液，7月20日开始叶面喷雾，旺树隔10天再喷1次，喷树以树叶正反两面喷湿为好。

多效唑含量10%的，15千克水加112.5克，等于133倍液。

多效唑含量20%的，15千克水加56.25克，等于267倍液。

多效唑含量15%的，15千克水加75克，15克1包要5包，等于200倍液。

12 问：400棵桃树施硝酸钠、复合肥、尿素和牛粪，造成的肥害如何解决？

浙江省　张先生

答：张有山　研究员　北京市农林科学院植物营养与资源研究所

从图片看，用户造成肥害是由于肥料用量过多用水少造成脱水型肥害。由于用肥量多、浓度大、用水少，加上用肥部位离根近造成离根近的土壤溶液渗透压过高，使桃树不能正常吸水吸肥，影响桃树正常生长，严重时，造成枯根烂根现象。

补救方法

（1）将施肥部位的土壤挖开用大量清水浇穴内土壤，稀释土壤肥液浓度，切断烂根，覆上新土；如果伤根严重，也可以采用短期晒根的办法促进新根生长。

（2）将挖出的肥土移到新的环状施肥沟里。

（3）对上部的枯枝黄叶进行修剪，减少水分和养分的消耗。

二

果

树

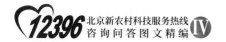

13 问：桃苗长势不好，叶子两边枯萎发黄怎么办？

江西省　曾先生

答：徐筠　高级农艺师　北京市农林科学院植物保护环境保护研究所

从图片看，可能有 2 种问题。

一是缺钾症，补救措施如下。

（1）在秋施基肥或生长季追肥时，增加硫酸钾的施用量，每亩土施 3~5 千克。

（2）生长季叶面喷磷酸二氢钾 300 倍液或施 2% 草木灰浸出液。

二是叶斑病，防治措施如下。

药剂防治，从落花后 10~15 天开始喷药，喷洒 2~3 次，间隔 15 天。效果较好的药剂有：1.5% 多抗霉素水剂 300 倍液；10% 多氧霉素 1 000~1 500 倍液；4% 农抗 120 果树专用型 600~800 倍液。

14 问：3年生桃树，桃果萎缩率很高，有的树上90%的桃子都萎缩，是什么原因？

浙江省　张先生

答：鲁韧强　研究员　北京市林业果树科学研究院

3年生桃树桃幼果萎缩严重，有如下原因：

（1）谢花后1周左右的幼果缩果，是授粉问题。

（2）谢花2周以后缩果的，是新梢生长过旺，造成对幼果营养的竞争，使幼果脱落。可以仔细观察树上落果情况，中弱势果枝不易落果，旺势果枝落果严重。

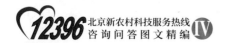

15 问：桃树结果枝有黑褐色疤痕，是什么毛病？如何
防治？

山东省　网友"烟台果蔬布衣秋恋"

答：徐筠　高级农艺师　北京市农林科学院植物保护环境保护
研究所

从图片看，可能是桃疮痂病。

防治方法

主要是药剂防治，可使用的农药包括，40%福星乳油8 000倍
液；10%世高水分散剂5 000倍液；40%腈菌唑可湿性粉剂8 000倍
液，在5月下旬、6月上旬各喷1次；另外，48%大生600倍液、
代森锰锌500倍液、70%甲基托布津1 000倍液、50%多菌灵500
倍液也可用于防治桃疮痂病。一般从落花后7~10天幼果期首次喷
药，按15天喷1次，延续到采果前15天。

16 问：桃树老叶破损，新叶没有这种情况，是怎么回事？

北京市　网友"吃嘛嘛香！"

答：徐筠　高级农艺师　北京市农林科学院植物保护环境保护研究所

桃树老叶破损是绿盲蝽为害所致，华北地区果园绿盲蝽一年发生4~5代，除第一代外，其余几代世代重叠，一代、二代若虫孵化期，也是药剂防治关键时期。第一代若虫4月下旬为孵化高峰，第二代若虫6月上旬为孵化高峰。今年早春气温偏高，第一代若虫为害偏早，为害嫩叶时呈小黑点状，叶片展开后大面破碎。

防治措施

绿盲蝽一代若虫孵化期，开始喷施化学农药或生物农药，连续喷施2~3次，间隔10天左右。现在第一代若虫防治期已过，注意6月上旬防治第二代若虫。

对绿盲蝽防治效果较好的生物药剂有：苦楝素、苦参碱、鱼藤酮、苦皮藤素、蛇床子素。化学药剂：吡虫啉、啶虫脒、氟氯氰菊酯、高效氯氰菊酯、阿维菌素。上述药剂可加农用有机硅渗透剂3 000倍液效果好。

二
果
树

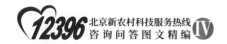
17 问：桃园暴发缩叶病，园里面还养着中华蜂，怎么用药？

云南省　网友"云南楚雄～桃树～小卢"

答：徐筠　高级农艺师　北京市农林科学院植物保护环境保护研究所

从图片看，是桃瘤蚜为害所致，不是缩叶病。

防治措施

（1）及时发现并剪除受害枝梢烧掉。

（2）春季卵孵化后，桃树开花前（最大花苞期）和卷叶前，及时喷洒药剂。可选药剂：10% 吡虫啉可湿性粉剂 3 000 倍液；20% 啶虫脒 3 000 倍液（高温效果好）；有机果园可选择 0.36% 苦参碱水剂 1 000 倍液；苏云金杆菌悬浮剂（BT 杀虫剂）500 倍液。

（3）在杀虫剂中加农用有机硅表面活性剂 3 000 倍液效果好。

（4）落花后 10~15 天，交替选择喷洒以上药剂。注意吡虫啉对幼小桃果易造成落果，花前、桃果稍大些安全。

（5）果园内养蜂一般不能喷杀虫剂。桃瘤蚜在卷叶内为害，卷叶后喷药效果差，务必剪除受害枝梢。

18 问：桃树果实和叶出现斑点，果实僵硬，里面有洞，是什么原因？

山东省　网友"小超"

答：徐筠　高级农艺师　北京市农林科学院植物保护环境保护研究所

从图片看，可能是绿盲椿象为害所致。

防治措施

（1）花落70%时，是越冬代虫卵孵化期，也是防治绿盲蝽的关键时期。

（2）第一代老熟若虫期，距第一次喷药时隔12~15天，可选择氯氟氰菊酯＋噻虫嗪，按照说明书上的稀释浓度使用。

（3）5月上旬为第一代成虫羽化期，是杀死绿盲蝽成虫，防止产卵的关键期。

（4）5月下旬为第二代若虫为害期，这时绿盲蝽若虫依然为害叶果，半月后羽化成虫就开始向果园外迁移。因此，这是一年之中桃园最后1次喷药防治绿盲蝽。

（5）利用最后1代成虫从外地向桃园迁徙的特性，在10月上旬，集中喷1遍乐斯本（毒死蜱）杀虫剂能降低绿盲蝽的越冬基数。

可选择的药剂：吡虫啉＋高效氯氰菊酯，吡蚜酮或啶虫脒（气温高用）＋高效氯氰菊酯，联苯菊酯（或氯氟氰菊酯＋噻虫嗪），按照说明书安全使用浓度进行。以上药剂均可加农用有机硅渗透剂3 000倍液，防效好。

二

果树

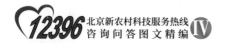

19 问：桃树叶片发黄是怎么回事？

浙江省 网友"桃树种植"

答：徐筠 高级农艺师 北京市农林科学院植物保护环境保护研究所

从图片看，是桃树缺锌、缺铁的症状。

（1）缺锌矫治方法：最好在萌芽前喷施一年生枝芽，锌肥为300倍液的硫酸锌。生长期已经出现的缺锌症状不能恢复，但喷施锌肥对继续生长的新芽有作用。

（2）缺铁矫治方法：缺铁不完全是因为土壤中铁含量不足。土壤结构不良也限制了根系对铁的吸收利用。因此，在矫治缺铁时首先要增施有机肥来改良土壤，以提高土壤中铁的可利用性。在秋施基肥的同时，每株增施硫酸亚铁0.5千克，掺入畜粪20千克。叶面喷施1%硫酸亚铁水溶液或螯合铁水溶液，每间隔半个月喷施1次，共喷施3~4次，效果较好。

二

果

树

答：徐筠 高级农艺师 北京市农林科学院植物保护环境保护研究所

从图片看，红冠桃双果或 3 果畸形果和品种有关，是在 7—8 月花芽分化期遇高温造成的。

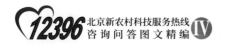

21 问：桃树叶片有黄色斑点是怎么回事？

河南省　某先生

答：徐筠　高级农艺师　北京市农林科学院植物保护环境保护研究所

（1）黄色较规则的圆斑可能是桃树叶斑病。

清除病原，彻底清扫落叶和地面病残体深埋于施肥坑内。喷药保护，花后 7 天和 20 天及时喷施 1.5% 多抗霉素 300~500 倍液；80% 大生可湿性粉剂 600 倍液；75% 达科宁可湿性粉剂 800 倍液。

（2）不规则的浅色斑可能是某些害虫如蓟马等的为害状。

防治措施

可以用放大镜观察叶背有无害虫，如有害虫可喷些杀虫剂。

22 问：桃树卷叶是怎么回事，怎么防治？
四川省　李先生

答：徐筠　高级农艺师　北京市农林科学院植物保护环境保护研究所

从图片看，可能是桃树瘤蚜为害。

防治措施

（1）开花前喷洒10%吡虫啉可湿性粉剂3 000倍液；20%啶虫脒3 000倍液（高温效果好）；有机果园可选择0.36%苦参碱水剂1 000倍液；苏云金杆菌悬浮剂（BT杀虫剂）150倍液。以上药液可加农用有机硅渗透剂3 000倍液防效好。落花后10天再喷1次，药剂同开花前。

（2）人工及时剪除虫梢、病叶。

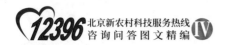

23 问：水蜜桃花是什么虫子为害的，怎么防治？
浙江省　张先生

答：徐筠　高级农艺师　北京市农林科学院植物保护环境保护研究所

从图片看，可能是金龟子为害的。

防治措施

（1）人工捕捉。在成虫发生期利用其假死性，可在树下铺塑料膜，于清晨太阳出来前或傍晚振树扑杀成虫。

（2）药剂防治。在成虫出土前，树下施药剂，25% 辛硫磷微胶囊 100 倍液处理土壤，注意喷药后混土。

（3）挂糖醋瓶。按红糖 0.5 份、食醋 1 份、白酒 0.2 份、水 10 份的比例混匀制成糖醋液。每亩挂 5~10 个装有 100 克左右糖醋液的罐头瓶，金龟子觅食糖醋液时即被淹死。隔 3~5 天更新 1 次新液，再行诱杀。

（4）套袋。刚发芽的小桃苗给整树套纸袋，为害期过后再拆袋。

24 问：桃树地用什么方法除草？可以用除草剂吗？
山东省　网友"潍坊～老海大棚蔬菜"

　　答：鲁韧强　研究员　北京市林业果树科学研究院

　　桃园除草可在春季长草前，修整树盘或土垄，然后覆黑色地膜或地布，既可增地温又可保土壤水分，是很实用的方法。桃树对除草剂较敏感，用除草剂很易受害，又污染环境，不建议施用除草剂。

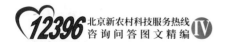

25 问：桃子怎么回事？

　　　山东省　网友"烟台果蔬"

　　答：鲁韧强　研究员　北京市林业果树科学研究院

　　从图片看，桃幼果胚乳变褐。这是由于营养不足造成的种胚发育中止，会使幼果脱落。营养不足的原因可能是留果过多，也可能是新梢生长过旺与果实竞争造成的。

建议

　　此期应控制灌水和加强夏剪，抑制新梢旺长，缓和生长与结果对营养竞争的矛盾。

26 问：桃树人工授粉的方法？

北京市　柳先生

答：鲁韧强　研究员　北京市林业果树科学研究院

桃树人工授粉一般采用桃花大蕾期采中短果枝上的花朵，将采下花朵在铁丝筛子里揉搓，使花药脱落。然后将花药中的花丝等杂物簸净，将纯花药薄摊在报纸或塑料布上，保持室内25℃并注意通风，一般当天采花处理后，第二天花药即可散粉使用。

将散粉的花药掺2~5倍的滑石粉或淀粉，混匀后装小瓶内用毛笔、橡皮头等工具点授开放1~3天的花朵。也可缝制"指形"单层纱布小袋装入花粉，拿小布袋进行点授，这种方法实用性强，可连续点授，效率更高。如果本园授粉品种充足，可用脱脂的鸡毛掸子在不同品种花枝间往返滚动，达到相互授粉的目的，这种方法简单快捷，可基本达到生产坐果的要求。

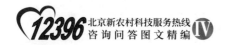

27 问：吉胜李子小果不长，部分发黄掉落，是什么原因？
吉林省　李先生

答：鲁韧强　研究员　北京市林业果树科学研究院

从图片看，李子幼果分 3 种情况：第一种是极小的果是没有授粉受精的，一定会落掉；第二种已坐果但又发黄的幼果，是种胚发育中止变褐，也会落果，一般是新梢太旺造成对果实营养的竞争造成的；第三种果实幼果膨大快的果，种胚发育正常，产生内源激素多，即是不会落的果实。

28 问：李子树的树干是什么虫子为害的，怎么治？
北京市　王女士

答：徐筠 高级农艺师　北京市农林科学院植物保护环境保护研究所

从图片看，李子树是天牛为害所致。

防治措施

（1）人工捕捉成虫。6—7月，成虫发生盛期，从中午到15：00前，进行人工捕捉。用绑有铁钩的长竹竿钩住树枝，用力摇动，害虫便纷纷落地，逐一捕捉。

（2）涂白主要枝干。早春在树干和主枝上涂白，防止成虫产卵。涂白剂：生石灰10份、石硫合剂2份、食盐1份、油脂（动植物油均可）少许、黏土2份、水40份，按10：2：1：2：40的比例进行配制。

（3）提前杀死幼虫。9月前孵化出的桃红颈天牛幼虫即在树皮下蛀食，这时可在主干与主枝上寻找细小的红褐色虫粪，一旦发现虫粪，即用锋利的小刀划开树皮将幼虫杀死。也可在翌年春季检查枝干，一旦发现枝干有红褐色锯末状虫粪，即用锋利的小刀将在木质部中的幼虫挖出杀死。

（4）药物防治方法。6—7月成虫发生盛期和幼虫刚刚孵化期，在树体上喷洒10%吡虫啉2 000倍液，7~10天1次，连喷几次。

（5）大龄幼虫孔施药。清理一下树干上的排粪孔，向蛀孔填敌敌畏棉条、用一次性医用注射器，向蛀孔灌注50%敌敌畏800倍液或10%吡虫啉2 000倍液，然后用泥封严虫孔口。

二
果树

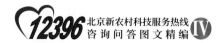
29 问：大棚种的李子幼果果顶烂了，是什么原因？

北京市海淀区　赵先生

答：鲁韧强　研究员　北京市林业果树科学研究院

从图片看，李子幼果不像病害，更像是发生了药害。应该是高浓度药液在果顶聚集，轻的烧了皮孔，而重的使果顶细胞坏死。

问：新栽的樱桃树萌芽后蔫了，是怎么回事？

北京市通州区　网友"樱桃种植"

二

果

树

答：鲁韧强　研究员　北京市林业果树科学研究院

新栽的樱桃树萌芽后又蔫了，主要是树苗没发新根，使水分养分供应不上新梢造成的。树苗不发新根的原因很多，如苗木运输过程根系失水，冬季根茎处冻坏，定植后灌水不及时或定干不及时等原因，都会使苗木过多失水，而使根系不能及时发出新根，使树苗萌发后又萎蔫。

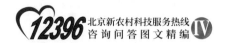

31 问：樱桃花全部受冻了，来年如何预防？

河南省 网友"河南、新乡，果树"

答：鲁韧强 研究员 北京市林业果树科学研究院

近年来，随着气候的变化，果树花期冻害发生频次越来越高。

预防措施

预防花期冻害要密切关注天气趋势预报，在低温来临前 2 天，喷天达 2116 细胞膜稳定剂，保护花器官不受伤害，是最有效的方法。即使是在低温来临后，进行补救喷布，也有较好的保产作用。

32 问：樱桃树干上开裂，是怎么回事？
北京市通州区　网友"秋风易冷"

答：鲁韧强　研究员　北京市林业果树科学研究院

从图片看，主干发生纵裂，是太阳辐射造成的。由于正午前后，特别是 14：00—15：00 日照直射树干，树干温度升高，日落后又温度骤降，树干木质与皮层收缩不一致，使向阳面皮层开裂，严重时，连同木质部开裂。树干涂白是解决这一问题的有效方法。这棵树虽然采用了涂白措施，但由于涂的石灰较厚易剥落，反光的效果较差。

建议

用杜邦白漆，反光强且保持时间长。

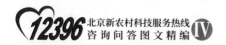

33 问：樱桃树中腰空荡枝条少，刻芽效果不行，有没有什么办法多发新枝？

河南省　网友"小马种植"

答：鲁韧强　研究员　北京市林业果树科学研究院

利用刻芽促枝注意在芽初萌动期，刻口要长一些深一些，应当可促芽发枝，也可配合涂发枝素，双管齐下更有把握。在粗枝秃裸部位，可预先贮藏接穗，在花期前后树液旺盛流动期，进行插皮枝接补空，成活率高补枝效果很好。

34 问：樱桃什么时间打坐果剂？
北京市　张先生

答：鲁韧强　研究员　北京市林业果树科学研究院

樱桃喷坐果剂应在盛花期。近年主要在温室栽培中应用，以克服温室湿度大、散粉困难或无授粉品种的问题。田间樱桃园只要授粉树够用可不必专门喷坐果剂。一般在花期喷 0.3% 尿素和 0.2% 的硼酸，来增加营养和促进花粉发芽。

二

果

树

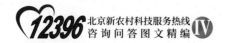
35 问：樱桃是需要配授粉树才可以结果吗？怎么配置授粉树？

北京市大兴区　王女士

答：鲁韧强　研究员　北京市林业果树科学研究院

樱桃绝大部分品种都需要异花授粉，老品种只有拉宾斯可以自花结实，其他品种定植时都要种两个以上的品种，互相授粉才能结果。若以某个品种为主栽品种，其他品种作授粉品种，授粉品种应选花粉多，花期与主栽品种一致，其比例以 3 ∶ 1 为好。

36 问：果树纵向裂口、流胶，是怎么回事？
北京延庆区　网友"七色云彩"

答：徐筠　高级农艺师　北京市农林科学院植物保护环境保护研究所

果树主干和主枝有纵向裂口、流胶可能是由于冻伤、日灼、流胶病等原因造成的。

防治措施

（1）改种抗寒品种。

（2）树干涂白。此法可以防止树干冻伤、晚霜、抽条、日灼。涂白剂的制作方法及使用方法：生石灰10份、石硫合剂2份、食盐1份、油脂（动植物油均可）少许、黏土2份、水40份，搅拌均匀后进行树干涂白。涂白部位主要是树干基部（高度在0.6~0.8米为宜）和果树主枝中下部、有条件的可适当涂高一些，则效果更佳。涂白每年进行2次。分别在落叶后和早春进行。早春涂白时间的确定条件是在涂后晾干前不结冰的前提下，越早越好，新栽植的树木应在栽后立即涂。

（3）果树枝干流胶病致病菌是真菌，来自枝条枯死部位，经风雨传播，由皮孔侵入进行腐生生活，待树体抵抗力降低时向皮层扩展，翌年春枝干含水量降低，病菌扩展加速直达木质部，被害皮层褐变死亡，树脂道被破坏，树胶流出。

防治枝干流胶病关键技术是培养壮树，加强栽培管理，做好防冻、防日灼、防虫蛀等，用药只是辅助手段。对流胶过多无保留价值的枝干进行疏剪，对少数胶点的枝干将病皮刮除后，涂百菌清50倍液或菌毒清10倍液，连续涂2~3遍，间隔20天，连涂2年。

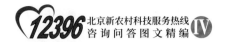

37 问：樱桃新叶有斑点，是怎么回事？

辽宁省瓦房店市　网友"辽宁省瓦房店市大樱桃种植"

答：徐筠　高级农艺师　北京市农林科学院植物保护环境保护研究所

从图片看，叶子上的斑点可能是叶斑病。

防治措施

（1）加强水肥管理，增强树势，提高树体的抗病能力，冬季修剪后彻底清除果园病枝和落叶，集中深埋或烧毁，以减少越冬病源。

（2）药剂防治。植株萌芽前喷5波美度的石硫合剂；花后7~10天，选择喷施的药剂有1.5%多抗霉素300~500倍液（防效好，多年连续病菌无抗性产生）；10%宝丽安1 200~1 500倍液；80%大生600倍液。以上药剂加农用有机硅渗透剂3 000倍液防效好。

38 问：樱桃树流胶，好像已经死了，怎么办？
陕西省　网友"石子运城樱桃"

答：徐筠　高级农艺师　北京市农林科学院植物保护环境保护
研究所

樱桃流胶病的发病菌类复杂，既有真菌又有细菌，相互交织，
使防治难度加大，这也是目前该病难于根治的主要原因。植株已

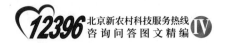
经死亡的只能刨了，如果上部没完全死，可考虑刮除病斑、涂药、桥接。

防治措施

（1）不宜选择酸性土、沙土地、积涝和干旱缺水的地块建大樱桃园。

（2）选择抗病的品种。

（3）注意清除杂草。尽量减少伤口，修剪时不能大锯大砍，避免拉枝形成裂口。

（4）及时防治红颈天牛及小蠹虫以减少虫伤。

（5）防止冻害和日灼，对已发病的枝干应及时彻底刮治，伤口用生石灰10份、石硫合剂2份、食盐1份、植物油少许，对水调成糊状涂抹。秋末冬初进行树干涂白，以预防冬季冻害的发生。涂白配方：生石灰10份、石硫合剂2份、食盐1份、油脂（动植物油均可）少许、黏土2份、水40份。

（6）药剂防治。

① 发芽前，喷3~5波美度石硫合剂，生长季节可以继续刮除病斑，涂抹石硫合剂。

② 生长季节结合防治桃褐腐病等病害，落花后7~10天开始喷药，用75％百菌清可湿性粉800倍液喷布树体，每10~15天喷药1次，连喷2~3次。

③ 细菌性病原选择农用链霉素，在秋季落叶和早春休眠期喷农用链霉素3遍。

39 问：樱桃树叶发黄脱落，怎么回事？
山东省 网友"泰山"

答：鲁韧强 研究员 北京市林业果树科学研究院

从图片看，樱桃老叶片发黄不是缺素症。在连续干旱的情况下，突然遇雨或灌水，使土壤透气减弱，根系吸收暂时受抑制，树上新老叶片对水分竞争加剧，使发生早的基部小叶片加速衰老并脱落。

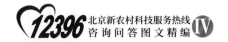

40 问：露地樱桃应该什么时期防治食心虫，怎么防治？
辽宁省 网友"普通人"

答：徐筠 高级农艺师 北京市农林科学院植物保护环境保护研究所

露地樱桃发生的食心虫应该是梨小食心虫，又名桃折梢虫，简称梨小。一年发生 3~4 代。前期主要蛀食桃新梢。后期蛀食桃、樱桃、杏、李、梨、苹果等果实。见到新桃、新樱桃枝梢折断就是梨小第一代发生期。

防治措施

（1）避免桃、樱桃、梨混栽。

（2）在樱桃园 5—6 月应每天人工剪除被害樱桃梢。

（3）用梨小食心虫的昆虫性外激素诱芯测报，发现樱桃梢被害折断和在成虫发生高峰期，喷布 25% 灭幼脲三号 1 500 倍液、4.5% 高效氯氰菊酯乳油 2 500 倍液、48% 乐斯苯乳油 1 500 倍液等。使用人工合成梨小食心虫性信息素进行测报成虫高峰期，方法简单易行，灵敏度高。昆虫性诱芯中科院动物所有售，各区县植保站有售。将市售橡胶头为载体的性诱芯，悬挂在直径约 20 厘米的水盆上方，诱芯距水面 2 厘米，盆内盛清水加少许洗衣粉。然后将水盆诱捕器挂在果园里，距地面 1.5 米高。自 4 月上旬起，每日或隔日记录盆中所诱雄蛾数量。一般蛾高峰后 1~3 日，便是卵盛期的开始，马上安排喷药。

（4）选择药剂。25% 灭幼脲三号 1 500 倍。

41 问：6 年生樱桃树第二年结果，结果不多，叶片薄，前期叶脉发浅，后期发黄脱落，怎么回事？

北京市　网友"秋风易冷"

答：鲁韧强　研究员　北京市林业果树科学研究院

从图片看，樱桃黄叶属缺镁症。从黄叶部位看是早期展叶后即表现缺素。镁元素缺乏表现在老叶片先是脉间失绿，镁是可移动和重新利用的元素，所以，进入新梢旺长期后，由于新叶的竞争，老叶的镁元素转到新叶，使老叶片变黄脱落。

预防方法

可喷施 0.3% 硫酸镁矫正。

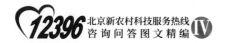

42 问：幼虫在樱桃果里面，是什么虫子？

北京市　王先生

答：徐筠　高级农艺师　北京市农林科学院植物保护环境保护研究所

从图片判断，可能是李实蜂。

防治措施

（1）翻树盘。秋季或早春成虫羽化前翻树盘，深埋休眠幼虫。

（2）摘虫果。在老熟幼虫脱果前，摘有虫小果深埋。

（3）地面防治。老熟幼虫脱果后和翌年出土前地面喷50%辛硫磷300倍液，喷后混土。

（4）树上喷药。叶芽萌发0.5厘米时，初开花期，用20%杀灭菊酯3 000倍液喷树冠上部。

（四）草莓

问：草莓结果期出现叶片萎缩是什么原因？

北京市延庆区　网友"福气冲天"

答：司亚平　研究员　北京市农林科学院蔬菜研究中心

从图片上看，疑似轻微缺钙的症状，根系表现出颜色发暗，新根喷发的比较少，新叶不舒展。

建议

在结果期减少氮肥使用量，增加磷钾肥，叶面补充钙肥。

二

果

树

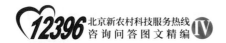

02 问：草莓叶片干尖，叶片有红色锈斑，是怎么回事？
山东省　网友"打工者"

答：陈春秀　推广研究员 北京市农林科学院蔬菜研究中心

从图片看，第一张显示叶片前期生长过程中，有些缺钙现象，但后期已经恢复正常。第二张叶片发红也是缺素症的表现，主要钾肥不足造成的，可以补充钾肥。此外，地块土壤要疏松，加强肥水管理，避免干旱。

03 问：草莓白化果是怎么回事？
河南省　王先生

答：鲁韧强　研究员　北京市林业果树科学研究院

草莓白化病俗称草莓白化果，表现为果实成熟时不是典型的红色或粉红色，而呈现脱色白化。该病的机理目前还不清楚，宽泛的说是生理失调造成的，可能与内源激素失衡有关。在生产中是个别现象，很少有人研究，对果实品质影响不大。

建议

摘除即可。

二

果
树

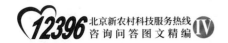

04 问："草莓果实凹坑大的品质好甜度高"，这种说法对吗？

辽宁省大连市　国益生物科技大连有限公司

答：鲁韧强　研究员　北京市林业果树科学研究院

草莓凹坑大的果实品质好甜度高的说法，没有科学依据。

一般情况下，草莓相同品种看品质，而品质高低看肥水管理。平衡施肥、适量结果且采前控水的果实圆整光亮、品质好。而偏施氮肥、结果过多且采前灌水的果实光泽差、品质低。特大的草莓果肉膨大不均匀，表面易出现不平整现象，授粉受精不良的果实易出现凹凸不平果面，严重的会呈现畸形果。从图片看，凹坑大的果是受精不良，果皮上种子分布不均匀造成的。

05 问：露地草莓叶片颜色泛紫，是怎么回事？
广东省　草莓种植户

答：鲁韧强　研究员　北京市林业果树科学研究院

从图片上的草莓老叶颜色看，像缺磷的症状。可再翻看叶背面
看叶脉是否发红，若缺磷叶脉即显浅红色，若叶背的叶脉不发红，
则是缺镁症。

建议

可针对性进行补充微肥。

06 问：果园生草用阿拉伯波波纳可以吗？
新疆　网友"新疆库尔勒农夫"

答：鲁韧强　研究员　北京市林业果树科学研究院

果园生草可增加果园生物量，更重要的是能提高生物多样性，改善果园生态环境，有助于果园管理。目前，很多果园生态功能差，有益天敌发生滞后，应种植些早春发芽早、开花早的植物，有利于蚜虫生长和为天敌昆虫提供食料，使天敌昆虫群体提早壮大，及时跟随害虫发展控制虫害为害。因此，从生态的角度看，可尽量利用本地适应性强的草种，生产中只要有灌水条件，自然生草加少量人工种草，即可实现这个目的。当地草种适应性强，管理方便，为了控制果园生态，需要进行割草管理。至于外引草种，建议少量引用，观察其适应性如何，如效果不错，再行应用。

答：徐筠 高级农艺师 北京市农林科学院植物保护环境保护研究所

从图片看，不像炭疽病，可能是草莓褐斑病。草莓褐斑病是偏低温高湿病害，春秋季多阴湿天气有利于该病发生和传播，在花期前后和花芽形成期是发病高峰期。一般均温17℃开始发病，病菌生长最适温度25~30℃。温暖高湿，时晴时雨有利于该病害发生。另外，在保护地栽培和低温多湿、偏施氮肥、苗弱光差的条件下发病重。

防治措施

（1）农业防治。选用抗病良种、加强栽培管理，合理密植，保证通风透光，不要单施速效氮肥，适度灌水，促使植株生长健壮。及时摘除老叶病叶，集中销毁。在保护地如遇低温必须采取加温措施。保证植株最适宜的生长温度20~25℃。

（2）药剂防治。移植前清除种苗病叶及重病株，并用70%甲

二

果

树

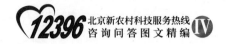
基托布津可湿性粉剂 500 倍液蘸苗，待药液干后移栽。发芽至开花前用等量波尔多液 200 倍喷洒叶面，每 15~20 天 1 次，防效良好。现蕾开花期喷施杀菌剂，7~10 天喷 1 次，共喷 2~3 次，可选择的药剂有：75% 达克宁 800 倍液、50% 多菌灵 1 000 倍液、70% 百菌清 500~700 倍液、50% 速克灵 800 倍液、70% 甲基托布津 800~1 000 倍液、50% 克菌丹 800 倍液。

答：鲁韧强　研究员　北京市林业果树科学研究院

草莓照片：第一张为褐斑病，第二张为叶枯病，第三张为轮斑病。

防治方法

叶部病害在高温高湿气候条件下发展很快，应及时喷内吸性杀菌剂，如苯醚甲环唑，嘧菌酯等，对好的药液中加 3 000 倍液的有机硅助剂，效果较好。

二

果

树

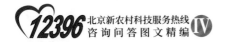

09 问：草莓为什么不发条？

河北省　网友"瑞丰草莓"

答：张宝海　研究员　北京市农林科学院蔬菜研究中心

选择好苗、大苗，并提早定植，采用地膜覆盖或架小拱棚等措施可以促进侧枝生长。现在苗子生长不明显，可能与夜间温度低有关，如果气候条件合适，请注意水肥管理。

10 问：草莓死了，是怎么回事？
陕西省　网友"七彩飞扬"

答：徐筠　高级农艺师　北京市农林科学院植物保护环境保护研究所

从图片看，可能是草莓疫霉病。此病为低温域病害，地温高于25℃则不发病或发病轻。一般春、秋多雨年份，低洼排水不良或大水漫灌地块，棚室闷湿，重茬连作地，植株长势衰弱等情况下，草莓发病重。

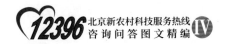
防治措施

（1）农业防治。选择早熟抗病品种，草莓田要实行 4 年以上的轮作；草莓采收后，将草莓植株全部挖除，施入充分腐熟的有机肥，深翻土壤，灌足水，在气温较高的夏季，地面用透明塑料薄膜覆盖 15 天以上，利用太阳能使地温上升到 50~60℃，消毒土壤。严禁大水漫灌，避免灌后积水。

（2）药剂防治。防治关键从苗期开始。在草莓匍匐茎分株繁苗期及时拔除弱苗、病苗。并用药每隔 7~10 天防治 1 次，连续防治 2~3 次。定植后要重点对发病中心株及周围植株进行防治；发病时，采用灌根或喷洒根茎的方法防治。可选药剂有 58% 雷多米尔·锰锌（甲霜灵·锰锌）可湿性粉剂 500 倍液，25% 甲霜灵（瑞毒霉、雷多米尔）可湿性粉剂 1 000 倍液，64% 杀毒矾可湿性粉剂 500 倍液，50% 异菌脲（扑海因）可湿性粉剂 1 500 倍液，72% 霜霉威（普力克）水剂 600~800 倍液。

11 问：草莓匍匐茎发红，长势慢，叶子向上反卷，是怎么回事？

河北省　网友"小马种植"

答：鲁韧强　研究员　北京市林业果树科学研究院

从图片看，草莓苗匍匐茎发红是地温高灼伤，叶子上卷是干旱造成的。发黄的苗子是缺氮，叶齿尖干是缺钾，总体看育苗地沙而瘠薄，要少量多次勤追肥灌小水。草莓喜肥沃土壤，喜温凉，在燥热的沙土地7月中旬至8月中旬，几乎停长，待9月上旬后进入迅速生长。这也是9月上旬前出苗少的主要原因。

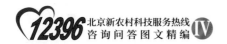
 问：草莓是什么病，怎么防治？

北京市密云区　网友"北京草莓新生活"

　　答：徐筠　高级农艺师　北京市农林科学院植物保护环境保护
研究所

　　从图片看，可能是草莓疫霉果腐病。可选择的药剂：甲霜铜、
乙磷锰锌、克抗灵、霜霉役净、安泰生等。花期开始喷药，隔10
天喷1次，连续喷3~4次，采收前1周停止喷药。

13 问：蜂授粉的草莓花黑了，是怎么回事？
北京市海淀区　罗先生

答：陈春秀　推广研究员　北京市农林科学院蔬菜研究中心

从图片看，是草莓授粉不良。有以下几种原因。

（1）蜜蜂不工作。

（2）土壤干旱，花粉败育，造成授粉不结果的现象。

（3）从草莓叶片上看，有缺铁、缺钙的现象。

建议

补点钙、铁微量元素。

二

果

树

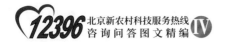

14 问：草莓叶片成Ｖ字形枯死，怎么回事？
河南省　网友"小马种植"

答：徐筠　高级农艺师　北京市农林科学院植物保护环境保护研究所

从图片看，草莓叶片枯死不是病。叶片枯死部分是由于大棚热的露滴烫伤所致。

（五）葡萄

01 问：葡萄新坐果黑色腐烂，是什么病害，怎么防治？
河北省 网友"爱"

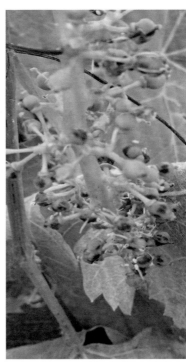

答：徐筠 高级农艺师 北京市农林科学院植物保护环境保护研究所

从图片看，是葡萄黑痘病。

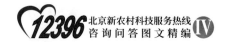

防治方法

（1）苗木消毒。常用苗木消毒剂有：10%~15%硫酸铵溶液、3%~5%硫酸铜液、硫酸亚铁硫酸液（10%的硫酸亚铁加1%的粗硫酸）、3~5度石硫合剂等。浸泡3分钟，取出即可定植或育苗。

（2）彻底清园。冬季修剪时，剪除病枝梢及残存病果，刮除病、老树皮，彻底清除果园内枯枝、落叶、烂果等，集中烧毁。

（3）利用抗病品种。不同品种对黑痘病抗性差异明显，葡萄园定植前应考虑当地生产条件、技术水平，选择适于当地种植，具有较高商品价值，且较抗病品种。

（4）加强管理。葡萄园定植前及每年采收后，都要开沟施足优质有机肥；追肥应使用含氮、磷、钾及微量元素的全肥，避免单独、过量施用氮肥，雨后排水，防止果园积水。

（5）喷药防治。萌发前喷洒3~5波美度石硫合剂，或1度石硫合剂加0.3%~0.5%五氯酚钠。在葡萄生长期，自展叶开始至果实1/3成熟为止，每隔15~20天喷药1次，药剂可选用50%多菌灵可湿性粉剂1 000倍液、80%代森锌可湿性粉剂600倍液、75%百菌清750倍液、福星7 500倍液或腈菌唑1 500倍液防治，交替使用2~3次。

（6）喷保护剂。花前和6月底至8月底可以喷1∶0.5∶240式波尔多液2~3次，注意晴天喷，间隔15~20天。

02 问：葡萄苗叶子发黄，新叶淡黄色，是什么原因？

北京市海淀区　网友"温室设施材料供应"

答：鲁韧强　研究员　北京市林业果树科学研究院

从图片看，是缺铁症。一般黏土地、灌水多，葡萄新梢生长又快，极易缺铁黄叶。

建议

可在树下浅翻土壤晾墒，树上喷柠檬酸铁或螯合铁矫正。

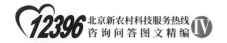

03 问：葡萄叶片是怎么回事？

北京市密云区　网友"暖心"

答：徐筠　高级农艺师　北京市农林科学院植物保护环境保护研究所

从图片看，是葡萄毛瘿螨为害所致。葡萄毛瘿螨过去常称葡萄锈壁虱、葡萄毛毡病、葡萄潜叶壁虱、葡萄短节瘿螨。

防治措施

在发芽前喷石硫合剂 3~5 波美度，在春季当气温上升至 15.5℃时，越冬螨开始出蛰转移到叶片上时，是防治的最适时期。此时，可选用 20% 哒螨灵乳油 3 000 倍液 + 农用有机硅 2 000~3 000 倍液。

04 问：早夏无核葡萄叶片发黄是不是除草剂危害？

河南省　网友"河南葡萄种植"

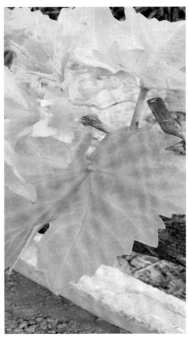

答：鲁韧强　研究员　北京市林业果树科学研究院

从图片看，葡萄不是除草剂危害，应该是缺素症，这种葡萄表现嫩叶全黄，老叶的叶脉发黄，像是极少见的缺硫症状。

`建议`

可每株开 10 厘米深环状沟施 100 克硫黄粉，施后覆土灌水；叶面喷 200 倍液硫酸铵水溶液进行补硫补氮矫正。

二、果树

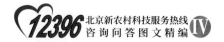
05 问：葡萄叶片上有黄色和褐色的斑，怎么回事？
河北省晋州市　孙先生

答：鲁韧强　研究员　北京市林业果树科学研究院

从图片上葡萄叶片的症状看，是老叶脉间失绿，属叶片缺镁症。叶片上的黄点是缺素失绿严重，最后脉间叶肉将干枯。

建议

可喷 0.3% 硫酸镁进行矫正。

06 问：葡萄须子上长果穗，怎么回事？
北京市密云区　网友"暖心"

答：鲁韧强　研究员　北京市林业果树科学研究院

葡萄是混合花芽，芽中既有雏梢也有花序。在花芽形成过程中，如果条件适宜而有机营养充足，就形成又大又饱满的雏穗，如果条件较差就形成小雏穗或形成卷须，卷须形成的过程中如多得营养，会变卷须的发育转向雏穗的发育，形成畸形的卷须花序。

07 问：葡萄叶片上有白色的斑点，是什么问题，怎么防治？

北京市　网友"庞推广站王女士"

答：徐筠　高级农艺师　北京市农林科学院植物保护环境保护研究所

从图片看，葡萄叶片是二星叶蝉为害所致。该虫1年2~3代，葡萄展叶后，从园边苹果、桃等果树上转到葡萄上取食为害并产卵，5月中下旬孵化为若虫。6月出现第一代成虫，第二代成虫于8月中旬发生最多，第三代成虫以9—10月最盛。

防治措施

（1）加强管理。适当提高架面，生长期及时摘心、绑蔓、去副梢，改善通风透光条件，秋后清除园内的落叶及杂草，减少越冬虫口密度。

（2）药剂防治。抓住成虫、若虫期，尤其是第一代若虫期喷药。一般可选用25%阿克泰3 000倍液，2.5%功夫菊酯2 000倍液，20%速灭杀丁乳油2 500倍液，25%吡蚜酮5 000倍液。

08 问：葡萄苗枝条细弱，长得慢，叶片小，下部叶片有黄斑，怎么回事？

山东省　网友"莱西葡萄何必奢求太多"

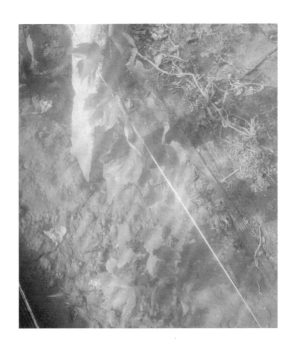

答：鲁韧强　研究员　北京市林业果树科学研究院

从图片看，单叶像缺铁黄化，整个植株基叶和顶梢叶片较正常。看情况可能前阶段浇水多而勤，造成阶段性缺铁使梢顶叶发黄，近期长的新叶已开始转好。

建议

注意浇水后及时松土，葡萄小苗定植前期根系弱长得慢，中期以后生长快且生长期长。

二

果
树

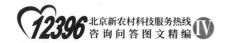

09 问：葡萄茎秆距地上 5 厘米开始干裂，叶面枯萎，最后整株死亡，怎么防治？

山东省 网友"一杯清茶"

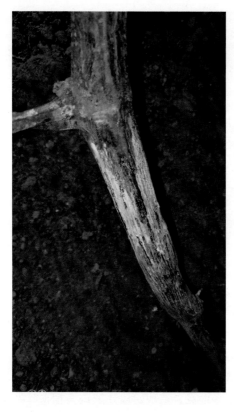

答：徐筠 高级农艺师 北京市农林科学院植物保护环境保护研究所

从图片看，可能是葡萄蔓枯病，又称蔓割病。

防治措施

（1）加强栽培管理，疏松或改良土壤，雨后及时排水，注意防冻。增施有机肥料，促使葡萄生长健壮，提高植株抗病能力，埋土防寒时，避免扭伤枝蔓造成伤口，及时培养新蔓，更新老蔓。

（2）及时检查枝蔓，发现病部后，轻者用刀刮除病斑，重者剪掉或锯除，伤口涂 5% 菌毒清 100 倍液，波美 5 度石硫合剂或腐必清 10 倍液。

（3）可结合防治葡萄其他病害，在发芽前喷 1 次波美 5 度石硫合剂。在 5—6 月及时喷 1∶0.7∶200 倍式波尔多液 2~3 次或 77% 可杀得可湿性微粒粉剂 500 倍液。

10 问：冷棚种植的 4 年生晚红葡萄，干基部纵向干枯，追肥 10 多天，整块地都这样，是怎么了？
辽宁省 网友"城市边缘人"

答：鲁韧强 研究员 北京市林业果树科学研究院

从图片看，葡萄干基部的伤害不是新伤，不像是肥害。从这种伤口的外观及方向看，像是日灼伤。在冬春休眠阶段，中午日照强烈，昼夜温差大，树干的南向或西南向，日落后气温骤降，树干皮层与木质收缩不均匀，易使皮层纵裂且伤口逐渐干枯。

建议

在冬春季节主干基部涂白是克服日灼的简单方法。对伤口过大的主干应涂伤口愈合剂保护，或喷杀菌剂后裹地膜促进伤口愈合和防止干部水分蒸发。

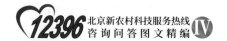
 问：葡萄颗粒大小不均匀是什么原因，如何预防？
山西省　张先生

答：鲁韧强　研究员　北京市林业果树科学研究院

从图片看，有2个问题：一是葡萄着色不均匀，是缺锰；二是葡萄大小粒现象严重，可能与缺锌有关。

防治方法

注意明年在开花前喷0.2%硼砂和0.3%的硫酸锌肥进行预防。落叶前20天喷3%尿素和1%硫酸锌进行贮备，这样也有改善缺锌的效果。

12 问：葡萄穗是什么病，怎么治？
北京市大兴区　司女士

答：徐筠　高级农艺师　北京市农林科学院植物保护环境保护研究所

从图片看，可能是葡萄穗轴褐枯病。

防治措施

（1）选用抗病品种。

（2）结合修剪，搞好清园。

（3）加强栽培管理，控制氮肥用量，增施磷钾肥，同时，搞好果园通风透光、排涝降湿。

（4）药剂防治。葡萄幼苗萌动前喷 5 波美度石硫合剂或 45% 晶体石硫合剂 30 倍液、0.3% 五氯酚钠 1~2 次保护鳞芽。葡萄开花前后喷 75% 百菌清可湿性粉剂 600~800 倍液或 70% 代森锰锌可湿性粉剂 400~600 倍液、40% 克菌丹可湿性粉剂 500 倍液、50% 扑海因可湿性粉剂 1 500 倍液。在开始发病时或花后 4~5 天，喷洒比久 500 倍液，可加强穗轴木质化、减少落果。

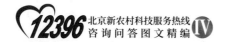

13 问：葡萄出土一个月，叶子干边卷曲，打过石硫合剂，
施了钾肥，是什么原因，如何解决？
黑龙江省　网友"晶莹剔透的冰"

答：徐筠　高级农艺师　北京市农林科学院植物保护环境保护
研究所

从图片看，可能是肥害，葡萄幼叶期不宜施钾肥。

建议

葡萄生长前期可叶面喷尿素300倍液，葡萄果实膨大期喷磷酸
二氢钾300倍液。

14 问：葡萄枝条韧皮部开裂是怎么回事？
黑龙江省 网友"晶莹剔透的冰"

答：鲁韧强 研究员 北京市林业果树科学研究院

从图片看，新蔓基部开裂，可能与日灼有关。如果新蔓北向，基部受直射光照射时间长、温度高、皮层老化，夜间降温又快，使蔓基部不均匀地冷缩，有可能造成开裂。

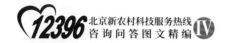

15 问：葡萄叶有斑，是什么病，怎么防治？
北京市　司女士

答：徐筠　高级农艺师　北京市农林科学院植物保护环境保护研究所

从图片看，可能是葡萄霜霉病。病菌靠卵孢子在植物残体和土壤中越冬。每年都有发病中心，即开始只在葡萄园中个别植株的少数叶片上产生病斑。发病中心出现后，病菌侵染加剧。

防治措施

注意清除菌源，要在发病中心出现时喷针对性强的杀菌剂，可选择的药剂有 64% 杀毒矾 500 倍液；72% 克露 600~750 倍液；69% 安克锰锌 800 倍液；50% 烯酰吗啉 1 200 倍液；53% 金雷多米尔；锰锌 500 倍液。在发病中心出现时喷药，每隔 30 天喷 1 次，连喷 2~3 次。注意药剂的交替和波尔多液的轮换使用。

16 问：葡萄上钻树干的虫怎么治？
河南省许昌市　网友"河南许昌农民"

答：徐筠　高级农艺师　北京市农林科学院植物保护环境保护研究所

葡萄钻树干的害虫是葡萄透翅蛾。

防治措施

（1）结合冬剪。剪除带有残虫的枯枝，集中清理烧毁或深埋。5 月中旬至 7 月，经常检查嫩枝新梢，发现枝蔓有虫粪时，及时剪除枝蔓并集中深埋。如枝蔓较大，可用钢丝插入粪孔刺死幼虫或对被害粗蔓用浸有敌敌畏 50 倍液的棉球塞入虫孔，然后用泥封口。

（2）测报诱杀成虫。当年 6 月开始悬挂透翅蛾性诱剂，以此作为施药适期预报的依据（当诱蛾量出现高峰后，蛾量锐减时，即为当代成虫羽化的盛末期，是药剂防治的最佳时期）。

（3）农药防治。成虫羽化盛期是防治葡萄透翅蛾的关键时期。在葡萄盛花期为成虫羽化盛期，但花期不宜用药，应在花后 3~4 天，成虫羽化的盛末期和在葡萄抽卷须期、孕蕾期可选择喷洒，25% 灭幼脲Ⅲ悬浮剂 2 000 倍液，20% 除虫脲悬浮剂 3 000 倍液。

二

果

树

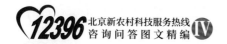

17 问：葡萄康氏粉蚧怎么治？
北京市海淀区　陈先生

答：徐筠　高级农艺师　北京市农林科学院植物保护环境保护研究所

抓好全年防治，以第一代幼蚧卵孵化盛期为最佳防治时期，喷杀蚧壳虫的药剂加有机硅渗透剂防效好。

防治措施

（1）落叶后或发芽前，用 5 波美度石硫合剂涂抹有虫枝干或全株喷。

（2）在若蚧孵化期（华北地区露地洋槐树开花期）可喷下列杀蚧壳虫的药剂：

40% 速扑杀 1 000~1 500 倍液、40% 速灭蚧 1 000~1 500 倍液、28% 蚧宝乳油 1 000~1 500 倍液、40% 速蚧克 1 000~1 500 倍液等。以上药剂加有机硅渗透剂 3 000 倍液。

18 问：葡萄果粒发霉，怎么回事？

北京市　李先生

答：徐筠　高级农艺师　北京市农林科学院植物保护环境保护研究所

从图片看，可能是葡萄白腐病。

防治措施

（1）改进架面布局，提高结果部位。对近地面的果穗进行吊绑或套袋，使果穗高于地面 40 厘米。

（2）葡萄落花后，架下地面覆黑地膜。覆膜面积占葡萄园的 60%。覆膜隔离土壤中的病菌并兼保墒、控草的作用。

（3）严格控制杂草生长，雨季及时排水，搞好夏剪，使架面通风透光，减少病菌侵染条件。

（4）秋末冬初埋土防寒前将病枝蔓剪除，葡萄开始上色前，将少量病果穗剪除携出园外。

（5）药剂防治。可选择使用的农药主要有：1 ∶ 0.5 ∶ 200 式波尔多液，12% 绿乳铜 800 倍液，80% 大生 600 倍液。

二
果
树

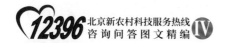

19 问：葡萄个别枝条叶片有孔洞，怎么回事？

山东省　网友"莱西葡萄何必奢求太多"

答：徐筠　高级农艺师　北京市农林科学院植物保护环境保护研究所

从图片看，葡萄叶片是绿盲蝽为害的。

葡萄绿盲蝽在芽苞期开始为害，若虫刺吸嫩芽上汁液，幼芽受害形成大量破孔，叶片随着生长，变成皱缩不平的"破叶疯"破叶。

防治措施

（1）葡萄芽孢期（低龄若虫期）喷5波美度石硫合剂。

（2）葡萄生长期可选择的药剂：2.5%溴氰菊酯乳油8 000倍加农用有机硅渗透剂3 000倍；10%氯氰菊酯乳油3 000倍加农用有机硅渗透剂3 000倍。

（六）其他果品

01 问：枣树叶片是什么问题，怎么防治？
北京市密云区　网友"暖心"

答：徐筠　高级农艺师　北京市农林科学院植物保护环境保护研究所

从图片看，是枣镰翅小卷蛾，俗称枣黏虫为害所致。

防治措施

（1）越冬期防治。重刮树皮消灭越冬蛹，用黏土堵塞树洞。

（2）药剂防治。在越冬期防治的基础上，重点抓住第一代幼虫期的防治。5月上旬当枣枝长约3厘米时，一代卵基本孵化，是喷药的关键时期。可选

药剂有25%灭幼脲1 500~2 000倍 + 有机硅3 000倍液；20%杀铃脲悬浮剂8 000~10 000倍液；Bt（100亿活芽孢／克）乳剂500倍液。

二

果
树

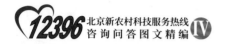

02 问：枣子成熟期干瘪什么原因？

北京市海淀区　赵先生

答：徐筠　高级农艺师　北京市农林科学院植物保护环境保护研究所

从图片看，像是枣缩果病，是一种细菌性病害。

防治措施

（1）农业防治。在秋冬季节清理落叶、落果、落吊，早春刮树皮，集中烧毁；合理冬剪，改善通风透光条件，防止冠内郁闭。

（2）药剂防治。花期和幼果期喷洒0.3%硼砂或硼酸。萌芽前喷3~5波美度石硫合剂。7月下旬至8月上旬喷农用链霉素100~140单位/毫升，或50%琥胶肥酸铜（DT）可湿性粉剂600倍液，或10%世高水分散粒剂2 000~3 000倍液。隔7~10天喷1次，连续1~2次。

03 问：核桃树上有美国白蛾，怎么防治？
网友"风雨同舟"

答：徐筠　高级农艺师　北京市农林科学院植物保护环境保护研究所

美国白蛾第一代幼虫破网前为最佳防治时期。

防治措施

（1）人工防治。在幼虫3龄前组织人员剪除网幕并集中处理，如幼虫已分散，则在幼虫下树化蛹前采取树干绑草的方法诱集下树化蛹的幼虫，隔7~9天换1次草把，将草把集中烧毁。

（2）化学防治。选用25%灭幼脲2 000倍

液、林虫净800~1 000倍液、24%米满胶悬剂8 000倍液、卡死克乳油8 000~10 000倍液、20%杀铃脲悬浮剂8 000倍液进行喷洒防治。1%苦参碱可溶性液剂或1.2%苦烟乳油3 000倍液，也可用森得保可湿性粉剂3 000倍液或1.8%阿维菌素3 000倍液等进行喷雾防治。

以上药剂均可加有机硅3 000倍液可收到理想的效果。

二
果树

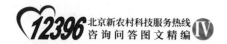

04 问：核桃树不开花不结果，是怎么回事？

北京市昌平区　谷先生

答：鲁韧强　研究员　北京市林业果树科学研究院

是核桃树就应能开花结实，没结核桃是因为没到结果年龄。一般经嫁接的核桃优良品种第 2~3 年即能见花果。但是，如果核桃树不是嫁接苗，而是种子出的实生苗，则要通过童龄阶段长到青年，才能开花结实。估计树是实生核桃，要 5~7 年才能开花结果。

05 问：柿子树怎么修剪？

北京市大兴区　王女士

答：鲁韧强 研究员　北京市林业果树科学研究院

柿子树是高大乔木，喜温暖气候，多在北京山区沟域分布。大兴平原地区田间种植易遭受冻害。因此，只在院落中有柿树种植。

柿树修剪可参照梨树的树形，例如，主干疏层形，第一层留三大主枝，在距第一层1米以上留2个主枝，待第二层主枝长成后，再去除中干延长枝，变成双层5主枝开心形。

幼树种后按1米左右高度定干，选3个方向叉开，长势较一致的枝条作主枝，冬季主枝剪留60厘米左右，中干剪留70厘米左右；第二年三大主枝延长枝继续剪留60厘米，每年在剪口下选1个侧枝，左右分开。对中干上的二层枝拉开，作为过渡层；第三年中干再剪留70厘米，当年选2个与第一层主枝插空生长的2个主枝培养，2年后待第二层主枝长成，即去掉中干延长枝，完成树形。对主枝上的枝要多采取拉枝的方法，使其生长缓和多发细弱枝，提早结果。严格控制枝头竞争枝及内膛背上直立枝，或疏除或重短截，不让它们扰乱树形和影响通风透光。在骨干枝分明的情况下，通过轻剪、缓放、拉枝，使新枝生长缓和并多出中弱小枝，即可早成花结果。

二

果
树

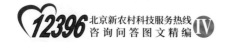

06 问：种了几十年的老柿子树，现在能矮化吗？
山西省　网友"忍者"

答：鲁韧强　研究员　北京市林业果树科学研究院

从图片上看，柿子树可以改造。先将树顶端 2 个大枝锯掉，顶头到其下部的大枝上，降低树高抑制上强，促进低部位枝生长。对低部位枝剪截延长头促其发枝和平衡长势与大小。对较弱的枝还可在明年萌芽后，在枝上部干上做伤，促使该枝多得养分长壮。等低层枝长大后，再落头开心，形成矮树冠，就好管理、易摘果了。由于图中该树处于林带中，改造的难度大，经济价值不大。

建议

可先将该树移植到开阔的地方，再进行改造。

问：石榴树应当如何修剪？
河南省　网友"河南、果树"

答：鲁韧强　研究员　北京市林业果树科学研究院

从图片上看，石榴树株距较小，且没有修剪过。一般情况下，株距小的密植栽培应采用纺锤形树形。纺锤形要保持中央领导干的直立优势，主干上着生12~15个大型结果枝组，可围绕主干转圈插空选留，同侧的重叠枝组距离应保持60~70厘米。

从图片中树的具体情况看，可先把主干60厘米以下的枝条疏除，再回缩过粗的大枝，疏除背上直立枝，把其余枝向四面以70°角拉开。然后，把过密或上下重叠不够距离的枝疏除，对中干延长枝进行短截，把拉开角度的过长枝组轻短截，中小枝继续缓放，就基本完成整形修剪。

二

果

树

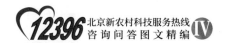

08 问：香蕉的叶片发白是什么问题？

浙江省 网友"丽水～西米露"

答：徐筠 高级农艺师 北京市农林科学院植物保护环境保护研究所

从图片的叶子上面看不到病斑，应该不是病害，可观察温室这株香蕉对应的顶部是否有滴水问题，如果有，应该是中午的滴水温度较高，落到叶子上面造成的烫伤。

09 问：台湾青枣缩果病有哪些农药可以防治？
浙江省　网友"丽水～西米露"

答：徐筠　高级农艺师　北京市农林科学院植物保护环境保护研究所

台湾青枣缩果病的发生原因，可能是缺硼造成和气候条件造成的，刺吸式口器害虫与机械损伤也会引起细菌性或真菌性缩果病的发生。

防治措施

（1）主要是要加强栽培管理，结合秋施基肥，加大有机肥的用量，合理使用化肥，并配合施入一定量的硼砂，每株用量0.15~0.2千克；在花期、花后15天和果实迅速膨大期及时进行根外施肥（叶面），喷硼砂300倍。

（2）干旱年份注意适时灌水。

（3）根据气温和降水情况，7月下旬至8月上旬喷第一次杀菌剂，间隔10天左右再喷2次药，采收前10~15天再喷1次药。可选药剂有：细菌性缩果病可用农用链霉素70~140单位/毫升＋有机硅3 000倍液。真菌性缩果病，可用75%百菌清可湿性粉剂600倍＋有机硅3 000倍液。

（4）在发病高峰前喷50%枣缩果宁1号可湿性粉剂600倍＋有机硅3 000倍液，防效明显。

二

果
树

10 问：桑树有上绿色的虫子，和蝉差不多，大概几毫米长，是什么害虫？

北京市密云区　高先生

答：徐筠　高级农艺师　北京市农林科学院植物保护环境保护研究所

桑树苗上的害虫应该是大青叶蝉。

防治措施

（1）清除杂草，可以铺黑地膜控制杂草。

（2）幼龄果园不宜间作蔬菜、玉米等作物。

（3）刷涂白剂阻止其产卵。树干涂白剂的制作方法及使用方法如下。

生石灰 10 份、石硫合剂 2 份、食盐 1 份、油脂（动植物油均可）少许、黏土 2 份、水 40 份，搅拌均匀后进行树干涂白。涂白部位主要是树干高度 0.6~0.8 米为宜，有条件的可适当涂高一些，则效果更佳。涂白每年进行 2 次。分别在落叶后和早春进行。早春涂白时间的确定条件是在涂后晾干前不结冰的前提下，越早越好，新栽植的树木应在栽后立即涂。

（4）用黑光灯诱杀成若虫。

（5）在桑园附近种植小面积蔬菜，诱集害虫，集中喷药。

（6）药剂防治。此虫 10 月间集中于果树上产卵，可在此时用 20% 杀灭菊酯乳油 3 000 倍液进行集中防治。

11 问：对于 5 年生的柑橘树南方秋季施基肥的肥料种类和
施用用量是多少？

浙江省　网友"丽水～西米露"

答：鲁韧强　研究员　北京市林业果树科学研究院

一般果树在进入盛果期前，以长树、改良土壤为主，施有机肥一般施畜禽粪等每亩 2~4 立方米，或施商品有机肥 1 吨。进入盛果期则按产量施肥，按 100 千克果施商品有机肥 60 千克。若施畜禽粪肥，应尽量用鸡粪、猪粪等几种粪混合，充分腐熟后施用。

二

果

树

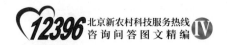

12 问：广西油茶树栽培管理技术要点是什么？

广西壮族自治区　网友"再见理想"

答：鲁韧强 研究员　北京市林业果树科学研究院

近年油茶树有较快发展，但规范管理的油茶园比较少。只有油茶树的土肥水管理跟上了，树体才长的强壮，相应的结果才会比较多。

一般应在冬季施基肥，基肥以农家肥为主，辅以少量化肥。基肥的施法是，在树冠枝展边缘挖 30 厘米宽，40 厘米深的施肥穴，将肥与表土掺匀后施入穴中，踏实并灌水。在春季新梢生长期可进行追肥，追肥以复合肥为主，可在树冠周围挖穴或沟，沟深 15 厘米，撒肥后覆土。生长季节注意树盘除草或割草，不要让草长得过高，会与树体争夺养分。

要注意病虫害防治。如果发现有食叶的毛虫、象鼻虫等，要及时喷毒死蜱或菊酯类杀虫剂。雨季来临还会有叶部病害发生，可以喷多菌灵、氟硅唑等杀菌防病。

为了更好地促进油茶的生长和结果，要进行整形和剪枝。总的原则是保持树势均衡，枝多而不密。对过大过强的枝可用背后枝换头，使同层的枝子高度相近，上下层重叠的枝要保持 60 厘米的距离，距离不够要疏除。此外，要疏除竞争枝、内向枝、背上直立枝、内膛交叉枝、过密枝和细弱枝，使树冠通风透光，才能形成花芽多，果实结得多。

13 问：枣树果蝇怎么防治？
北京市丰台区　杨先生

答：徐筠　高级农艺师　北京市农林科学院植物保护环境保护
研究所

枣树里面的蛆是橘小实蝇，俗称果蛆，是重要的检疫害虫。

综合防控措施

（1）进行严格的检疫，或进行无害化处理方可引种。

（2）塑料袋封闭处理落果。该方法使用简单易行。利用老熟幼虫随脱果钻入土中的习性，及时摘除虫果和捡拾落于地面的果实，用塑料袋封闭处理后1~2天害虫就会死亡，防效达100%。待虫落果全部腐烂后，还可沤肥使用。落果初期每周清除1次地上落果和树上虫果，落果盛期至末期每日1次，进行塑料袋封闭处理。

（3）发生虫害的果园，可于冬、春季每亩撒施生石灰70~80kg，再进行全园深翻，可消灭大量虫源。

（4）可用实蝇诱捕器诱杀雄虫。每公顷果园用诱捕器45~75个，可有效地诱杀成虫，是一项简便、安全、无公害防治蛀果虫的方法。可自制性诱杀诱捕器，用小刀在距矿泉水瓶口下增粗处开约13厘米×2厘米的口，拧好瓶盖后从开口处将引诱剂粘好（台湾产），或取1克甲基丁香酚（化学试剂商店有售）原液，均匀喷涂于诱捕器内壁，自然晾干后往瓶内装水200mL水，挂于树枝上距地面1.5米处，10天左右加1次诱剂和水，即可用于诱捕。循环使用诱捕器，可显著提高引诱剂对实蝇的诱集效果，用黏虫黄板加1克甲基丁香酚诱杀效果也很好。

（5）自制营养毒饵诱杀雌雄成虫。据报道，杨桃、番茄和番

二
果
树

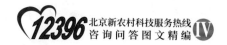
荔枝果肉对果蝇更有诱集效果。方法是在专用诱瓶用果汁按比例500∶1的比例加入80%敌敌畏或50%马拉硫磷制成毒果盘，250克毒果一盘，悬挂于离地面1.5米的树荫下，每亩13~15个，每7~10天更换1次，杀死雄成虫。这样诱挂与毒饵相结合，能快速降低果园虫口密度，防治效果更佳。

（6）化学防治。在成虫发生高峰期内，用90%敌百虫800倍或80%敌敌畏800倍对树冠和果园周围的杂草进行喷雾杀灭成虫。也可根据该虫落地化蛹的特点，6—10月可进行地面施药，在实蝇幼虫入土化蛹或成虫羽化的始盛期，在果园地面选用50%辛硫磷微胶囊、50%辛硫磷乳油或48%毒死蜱乳油1 000倍液喷洒，每隔7天1次，连续2~3次，杀灭入土化蛹的老熟幼虫和出土羽化的成虫。

（7）深翻土壤。冬、春季彻底清园，翻耕1次，或在各代化蛹盛期进行土壤翻耕，能有效降低虫口密度，达到防治的效果。

14 问：龙眼树叶子边缘发生枯死是叶枯病吗，有什么防治方法？

浙江省　网友"丽水～西米露"

答：徐筠　高级农艺师　北京市农林科学院植物保护环境保护研究所

从图片看，龙眼树叶片边缘黄化可能是缺钾症，不是叶枯病。一般情况下，植物缺钾易出现灼叶现象，由叶缘向中心焦枯或叶缘向里卷曲，同时，发生褐色斑点坏死，老叶先有症状。

补救措施

（1）结合秋施基肥（8月20日左右）或生长季追肥时，增加硫酸钾的施用量，每亩可土施3~5千克。

（2）生长季叶面喷施草木灰浸出液50倍液或磷酸二氢钾300倍液，每间隔半个月喷施1次，共喷施2~3次。

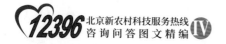

15 问：柑橘是怎么回事？

浙江省　网友"丽水～西米露"

答：鲁韧强　研究员　北京市林业果树科学研究院

从图片看，柑橘老叶片焦边，是缺钾症。

16 问：脐橙苗是病害还是高温造成的？

重庆市　网友"秀山西瓜"

答：鲁韧强　研究员　北京市林业果树科学研究院

从图片看，脐橙苗叶片有干斑，不像是缺素症，是日灼引起的。一般弱树吸水少，不能有效调节叶温，在树冠南向叶片易发生日灼病。

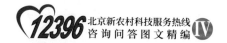
17 问：脐橙树是什么虫害，用什么药？
重庆市　网友"秀山西瓜"

答：徐筠　高级农艺师　北京市农林科学院植物保护环境保护研究所

从图片看，是柑橘潜叶蛾为害所致。

防治措施

（1）结合冬季修剪，剪除被害枝叶并烧毁。

（2）用柑橘潜叶蛾昆虫性外激素诱芯测报，在成虫羽化高峰期喷药。柑橘潜叶蛾成虫羽化期和低龄幼虫期是防治适期，该虫一年发生 9~15 代，世代重叠，每年 4 月下旬至 5 月上旬，幼虫开始为害，多从 6 月初的夏梢为害加重，7—9 月是发生盛期，10 月以后发生量减少。防治成虫可在傍晚进行；防治幼虫，宜在晴天午后。

（3）可选药剂。25% 灭幼脲 3 号 2 500 倍液加农用有机硅渗透剂 3 000 倍液；0.36% 苦参碱水剂 1 000 倍液；苏云金杆菌悬浮剂（BT 杀虫剂）500 倍液。每隔 15~20 天喷 1 次，连续喷 3~4 次。

18 问：脐橙叶片有黄色斑点，是怎么了？

　　重庆市　网友"秀山西瓜"

　　答：徐筠　高级农艺师　北京市农林科学院植物保护环境保护研究所

　　从图片看，不像病害，可能是柑橘各类叶螨为害后的症状。常见的叶螨有柑橘全爪螨、柑橘始叶螨、六点始叶螨和柑橘裂爪螨等。

　　中国南方年生15~18代，世代重叠，以卵和成螨在枝条和叶背越冬，温暖地区冬季可正常产卵。

防治措施

　　在叶螨初发阶段，合理轮换使用杀螨剂、石油乳剂、石硫合剂、杀螨卵的三唑锡、尼索朗等农药，杀螨剂＋有机硅3 000倍液防效更好。

二
果
树

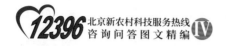

19 问：桑果还没成熟就掉果，怎么办？
云南省 网友"云南香脆李"

答：徐筠 高级农艺师 北京市农林科学院植物保护环境保护研究所

从图片看，可能是桑葚菌核病，俗称白果病。

防治措施

（1）农业防治。冬季彻底清园，合理密植，及时修剪，改善通风透光条件。在发病期人工摘除患病桑葚异地深埋或烧毁。

（2）药剂防治。掌握前期用药，在萌芽前喷洒3波美度石硫合剂。始花期至幼果期，选择使用50%腐霉利（速克灵）可湿性粉剂1 500~2 000倍液；50%农利灵可湿性粉剂1 000~1 500倍液；50%扑海因可湿性粉剂1 000~1 500倍液；70%甲基托布津1 000倍液；80%大生 M-45 可湿性粉剂600~800倍液；50%多菌灵可湿粉剂900~1 000倍；每隔7~10天喷1次，连续4~5次，在桑果采收前20天停止喷药。

20 问：猕猴桃叶子发黄怎么治疗？
北京市　李先生

答：鲁韧强　研究员　北京市林业果树科学研究院

从图片看，属缺锰症。猕猴桃适宜在微酸性土壤上生长，如果土壤偏碱极易发生缺铁缺锰素症。

防治措施

可喷布 0.3% 的硫酸锰矫正。

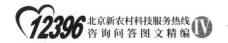

21 问：火龙果肉质茎上有黄点，是什么问题，怎么防治？
广西壮族自治区博白县　蓝孔雀养殖场

答：徐筠　高级农艺师　北京市农林科学院植物保护环境保护研究所

从发来的图片看，可能是火龙果炭疽病。

防治措施

（1）采取不同品种混搭种植。

（2）定期清园，严格控制无病区向有病区调种、引种，选育无病种苗。

（3）加强栽培管理，起垄种植，注意排水。重视秋施有机肥，适当增施磷钾肥。

（4）药剂防治。苗圃喷施波尔多液，喷 2 次，间隔 10~15 天。发病前，在 11 月气温开始下降时喷 1 次药。发病初期，每隔 10 天喷 1 次，连喷 2~3 次。可选药剂有 40% 农用硫酸链霉素 2 000 倍液+有机硅 3 000 倍液；80% 多菌灵 1 500 倍液 + 有机硅 3 000 倍液等。

22 问：槟榔树叶开始叶子发黄，烂心最后死去，死树上会出现虫洞，是什么问题，如何解决？

海南省　槟榔种植户

答：徐筠　高级农艺师　北京市农林科学院植物保护环境保护研究所

从发来的槟榔树图片看，可能是椰心叶甲虫蛀咬槟榔心，引发的槟榔死亡。

防治措施

在不影响生长点的情况下，用利刀在槟榔树茎顶端自下向上斜45°砍除心叶，然后用布包20g敌百虫放在生长点上，滴注杀虫。图中因为没有看到虫子，所以，是否确定为椰心叶甲虫的为害，请再咨询当地植保部门。

23 问：芒果树的叶片发红，是缺素吗？有什么防治方法？

浙江省丽水市　网友"丽水～西米露"

答：徐筠　高级农艺师　北京市农林科学院植物保护环境保护研究所

从发来的芒果树图片看，为缺钾症状。缺钾主要表现为叶尖、叶缘向中心黄化、焦枯或叶缘向里卷曲，同时，发生褐色斑点坏死，老叶先有症状。

补救措施

（1）结合秋施基肥或生长季追肥时，增加硫酸钾的施用量，每亩土施3~5千克。

（2）生长季叶面喷施草木灰浸出液50倍液或磷酸二氢钾300倍液，每间隔半个月喷施1次，共喷施2~3次。

24 问：芒果树上部叶片叶尖出现枯死，是什么问题？有什么防治方法？

浙江省丽水市　网友"丽水～西米露"

答：徐筠　高级农艺师　北京市农林科学院植物保护环境保护研究所

从发来的芒果树图片看，像是缺素症。可能由缺钾、缺氮引起。

补救措施

（1）施基肥。每年在土温下降10℃之前的1个月之内是施基肥的最佳时期，以施有机肥为主，并配速效氮肥，增施硫酸钾每亩土施3~5千克。

（2）追花前肥。2月中旬至3月上旬，春梢萌动时施氮肥为主。

（3）生长期根外施肥。5—6月，在第一次生理落果后，及时进行根外（叶面）施肥，喷施草木灰浸出液50倍液或磷酸二氢钾300倍液，每间隔半个月喷施1次，共喷施2~3次。

25 问：有效成分 29% 石硫合剂水剂如何配成 5 波美度的
石硫合剂？

山西省　网友"山西棚桃小张"

答：徐筠 高级农艺师　北京市农林科学院植物保护环境保护研究所

通过和生产厂家咨询，这种瓶装的有效成分为 29% 的石硫合剂水剂的波美度是 29。配成 5 波美度的石硫合剂方法如下：按所需波美浓度稀释，公式如下。

加水倍数 = 原液浓度 / 所需浓度 −1（1 是商品规格，例如，1 千克减 1，0.5 千克减 0.5）

（1）配制 5 波美度计算，即：X=29/5−1

X= 5.8−1=4.8 千克（4.8 千克水）

（2）配制 3 波美度计算，即：X=29/3−1

X= 9.67−1=8.67 千克（8.65 千克水）

用高浓度原液通过计算稀释配制计算公式：

原液需用量 = 所需稀释浓度数 ÷ 原液浓度数 × 所需稀释液量

例如，配制 5 度石硫合剂 10 千克，用 29 度的原液多少？

解：原液需用量 = 5 ÷ 29 × 10 = 1.72（千克）

加水量 = 10−1.72 = 8.28（千克）

26 问：红宝石的叶子得了什么病，如何防治？
北京市怀柔区　网友"雷力～严"

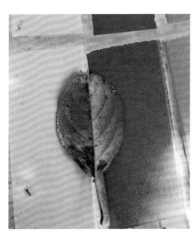

答：徐筠　高级农艺师　北京市农林科学院植物保护环境保护研究所

从图片看，是梨网蝽为害所致。

防治措施

（1）9月在树干绑草诱集越冬成虫，冬季彻底清除杂草、诱虫草把、落叶集中烧毁。

（2）药剂防治。4月中旬至5月上旬，越冬成虫活动期和第一代若虫已基本孵化期，此时防治效果最佳。可选药剂：1.1%苦参碱水剂1 000倍液＋有机硅3 000倍液；10%烟碱乳油1 000倍液＋有机硅3 000倍液；5%鱼藤铜乳油1 500倍液＋有机硅3 000倍液。

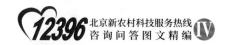

27 问：芒果树枝干有黑色液体流出，是什么病虫害？

浙江省丽水市　网友"丽水～西米露"

答：徐筠　高级农艺师　北京市农林科学院植物保护环境保护研究所

从图片看，可能有 3 种情况：检查病枝有虫粪即可判定是脊胸天牛为害所致。检查病枝有胶液流出即可判定是芒果枯枝流胶病为害所致。检查病枝在树干分叉处发生，后期出现粉红色泥层状菌膜，皮层腐烂即可判定是芒果绯腐病为害所致。

（1）脊胸天牛防治措施。清除虫害枝，从 6 月起至 12 月，在虫枝最后一个排粪孔下方 15 厘米处剪锯除虫害枝，还可用铁丝刺杀虫道可能残留的幼虫，新植果园于次年起就应采取此措施，并年年坚持，可长期有效地控制此虫的为害。安装黑光灯诱杀成虫。用棉花蘸 80% 敌敌畏 5~10 倍液塞入虫孔毒杀；也可用注射器注药液入虫洞进行毒杀，孔口用黏土封住。也可在 5—6 月用 45% 丙溴辛硫磷 800~1 000 倍液喷干。收果后立即采取截冠复壮措施。

（2）芒果枯枝流胶病防治措施。此病主要从伤口侵入致病，温暖潮湿、地势低洼、植株虫伤多、树势衰弱有利病菌的繁殖侵染。因此，要加强果园管理，增强树势，增施磷钾，避免氮磷钾比例失调，清除病残枝并烧毁，清沟排渍降湿，防止机械损伤和天牛为害。嫁接刀要用 75% 酒精消毒，芽接要保持接口部位干燥。剪除病枝梢，从病部以下 20~30 厘米处剪除。对大枝或茎干患部用利刀立茬将病斑割除，然后将伤口涂上波尔多液或 30% 氧氯化铜原液。可选喷药剂：0.6% 等量式波尔多液，70% 甲基托布津可湿性粉剂 800~1 000 倍液，50% 多菌灵可湿性粉剂 500 倍液。一般10~15 天 1 次，共喷 3 次。

（3）芒果绯腐病防治措施。加强田间管理，雨季前砍除灌木、高草，疏通果园，降低果园湿度。病部可用利刀切除，然后涂封沥青柴油（1∶1）合剂，促进伤口愈合。病死枝条应从健部切除，集中烧毁，伤口涂刷上述涂封剂。药剂防治：雨季发现此病发生时，可用 1% 波尔多液喷雾。

二

果

树

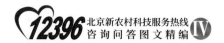

28 问：芒果新叶是怎么回事？

浙江省丽水市　网友"丽水～西米露"

答：鲁韧强　研究员　北京市林业果树科学研究院

从图片看，芒果苗的黄色新叶片，属缺铁症。可能与土壤或浇水 pH 值偏高有关系，致使新生叶显现缺铁。

29 问：杨桃是怎么回事？

浙江省丽水市　网友"丽水～西米露"

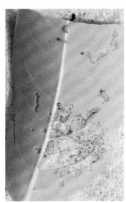

答：徐筠　高级农艺师　北京市农林科学院植物保护环境保护研究所

从图片看，第一张是鳞翅目食叶性害虫的低龄幼虫，此时可选用25%灭幼脲三号1 500倍液、20%抑宝（灭幼脲六号）1 500~2 000倍液等喷雾杀灭。

第二张和第三张是杨桃赤斑病，防治措施：加强管理，增强树势，提高抗病力。冬季清除病落叶集中烧毁，并翻耕土面。药剂防治：春季新叶初生时，可选药剂：0.5%波尔多液，600倍的氧氯化铜，1.5%多抗霉素300~500倍液＋有机硅3 000倍液，80%大生600倍液＋有机硅3 000倍液，75%百菌清可湿性粉剂1 000~1 500倍液＋有机硅3 000倍液，7~10天1次，共2~3次。注意药剂交替使用。

二

果树

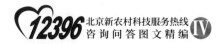

30 问：龙眼是怎么回事？

浙江省　网友"丽水～西米露"

答：鲁韧强　研究员　北京市林业果树科学研究院

从图片看，龙眼叶背片状白毛是一种已孵化出的虫卵块。新梢前端脉间失绿的叶片为缺锰症。

31 问：银杏怎么管理？树叶焦边是怎么回事？

河北省　网友"河北绿化养护～殷女士"

答：白金　研究员　北京市林业果树科学研究院

银杏的管理技术。

（1）整形与修剪。整形与修剪可以使植株生长发育加快，每年剪去根部萌蘖和一些病枝、枯枝、细枝、弱枝、重叠枝、伤残枝。使养分集中在主枝上，促进植株的生长。使其保持一定的树形，保证树木的高大、匀称、挺拔、美观。

（2）病虫防治。银杏生长过程中常见的病害主要有：叶枯病、干腐病等，均为真菌性病害。防治措施可使用25%多菌灵500倍液、70%甲基托布津600倍液均匀喷布2~3次，及时清除落叶。

从图片看，这树属于生理性病害，目前不会造成大的危害。为使树体快速健康生长，建议：

①9月下旬在树根部浇灌"树康液"1~2次；

②落叶后及时清除落叶集中深埋销毁；

③10月下旬灌足冻水，地膜覆盖树盘；

④3月下旬在树根部浇灌"树康液"1~2次；4月上旬灌透水1次。

二 果树

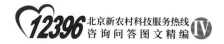

问：紫荆树叶为什么会出现卷叶的症状？
河北省　网友"天空"

答：白金　研究员　北京市林业果树科学研究院

从图片看，这种情况与高温有关，根系生长不良，现在可用2‰的磷酸二氢钾喷叶片2~3次，早春用2‰或3‰尿素喷叶片2次。

33 问：柿子树叶子是怎么回事？
天津市　网友"质朴"

答：徐筠　高级农艺师　北京市农林科学院植物保护环境保护研究所

从图片看，为缺钾症。

补救措施

缺钾易出现灼叶现象（由叶缘向中心焦枯）或叶缘向里卷曲，同时，发生褐色斑点坏死，老叶先有症状。

（1）结合秋施基肥（8月20日左右）或生长季追肥时，增加硫酸钾的施用量，每亩土施3~5千克。

（2）生长季叶面喷施草木灰浸出液50倍液或磷酸二氢钾300倍液，每间隔半个月喷施1次，共喷施2~3次。

二

果

树

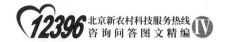

问：猕猴桃叶子发黄，没有光泽度，是怎么回事？

河南省　网友"小马种植"

答：徐筠　高级农艺师　北京市农林科学院植物保护环境保护研究所

从图片看，可能是缺铁症。

矫治方法

（1）秋施有机肥（8月20日左右），在秋施基肥的同时，每株土壤直接施入硫酸亚铁0.5千克，掺入畜粪20千克。果树缺铁不完全是因为土壤中铁含量不足，由于土壤结构不良也限制了根系对铁的吸收利用。因此，在矫治缺铁时首先要增施有机肥来改良土壤，以提高土壤中铁的可利用性。

（2）叶面喷施0.3%硫酸亚铁水溶液或螯合铁（柠檬酸铁）水溶液，每间隔半个月喷施1次，共喷施3~4次，效果较好。

35 问：猕猴桃出现灼叶，是什么问题？

北京市　网友"北京～微生物菌肥～王"

答：徐筠　高级农艺师　北京市农林科学院植物保护环境保护研究所

从图片看，可能为缺钾症。

补救措施

缺钾易出现灼叶现象（由叶缘向中心焦枯）或叶缘向里卷曲，同时，发生褐色斑点坏死，老叶先有症状。

（1）结合秋施基肥（8 月 20 日左右）或生长季追肥时，增加硫酸钾的施用量，每亩土施 3~5 千克。

（2）生长季叶面喷施草木灰浸出液 50 倍液或磷酸二氢钾 300 倍液，每间隔半个月喷施 1 次，共喷施 2~3 次。

二

果

树

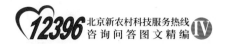

问：树莓的叶子边缘发紫变干，是什么原因？

北京市　网友"北京～微生物菌肥～王"

答：鲁韧强　研究员　北京市林业果树科学研究院

从图片看，干边的树莓叶片属缺钾症。

建议

可结合喷药喷 0.5% 硫酸钾或磷酸二氢钾，减缓叶片干边的发展，保持叶片不脱落。秋施基肥时适当加施钾肥，防止来年树莓叶发生缺钾现象。

问：莲雾是缺什么元素？

浙江省丽水市　网友"丽水～西米露"

二

果

树

答：鲁韧强　研究员　北京市林业果树科学研究院

从图片看，莲雾叶片是缺铁症。

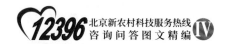

38 问：龙眼叶片大部分焦枯，是什么原因引起的？

　　浙江省丽水市　网友"丽水～西米露"

　　答：鲁韧强　研究员　北京市林业果树科学研究院

　　从图片看，龙眼树下部老叶片焦枯，是缺镁症。

39 问：杨桃叶片边缘黄化，是缺少哪种元素？

浙江省丽水市　网友"丽水～西米露"

答：鲁韧强　研究员　北京市林业果树科学研究院

从图片看，杨桃叶片边缘黄化，是缺钾症。再继续发展叶片边缘会出现干尖干边现象。

建议

应在叶面补充 0.5% 的硫酸钾或磷酸二氢钾。

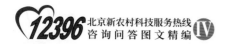

40 问：青枣叶脉间失绿，是缺少哪种元素？

浙江省丽水市　网友"丽水～西米露"

答：鲁韧强　研究员　北京市林业果树科学研究院

从图片看，青枣新叶脉间失绿，是缺锰症。

建议

喷 0.3% 硫酸锰进行矫正。

41 问：树葡萄叶片边缘，先端有点焦枯，是缺少哪种元素？

浙江省丽水市　网友"丽水～西米露"

答：鲁韧强　研究员　北京市林业果树科学研究院

从图片看，树葡萄老叶片焦边，是缺钾症。

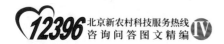
42 问：火龙果的叶片上有锈色斑点，还有被啃食的部分，
是什么病虫害引起的？
浙江省丽水市　网友"丽水～西米露"

答：鲁韧强　研究员　北京市林业果树科学研究院
从图片看，火龙果叶上的病斑像是炭疽病。

建议

尽快防治，以防病菌蔓延。

43 问：番木瓜叶黄，是缺少哪种元素？

浙江省丽水市　网友"丽水～西米露"

答：鲁韧强　研究员　北京市林业果树科学研究院

从图片看，番木瓜老叶片呈均匀黄色，是缺氮的症状。

建议

应在地下树上补施氮素肥料。

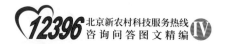

44 问：这是什么病？

广西壮族自治区　网友"广西　小成"

答：徐筠　高级农艺师　北京市农林科学院植物保护环境保护研究所

从图片看，可能是缺镁症。

矫治方法

缺镁叶片特点为叶脉间组织褪绿，并有坏死斑块。

（1）每年 8 月下旬开沟增施沤熟的粪肥改善营养结构。

（2）及时进行根外施肥，喷施 3%~4% 硫酸镁液，一般 2~3 次即可。

45　问：果树天牛如何防治？
　　北京市海淀区　网友"wangbg"

　　答：徐筠　高级农艺师　北京市农林科学院植物保护环境保护研究所

防治措施

　　（1）人工捕捉成虫。6—7月可利用从中午到下午15:00前成虫有静息枝条的习性，组织人员在果园进行捕捉，可取得较好的防治效果。用绑有铁钩的长竹竿钩住树枝，用力摇动，害虫便纷纷落地，逐一捕捉。

　　（2）涂白主要枝干。4—5月即在成虫羽化之前，可在树干和主枝上涂刷"白涂剂"。把树皮裂缝、空隙涂实，防止成虫产卵。

　　（3）提前杀死幼虫。9月前孵化出的天牛幼虫即在树皮下蛀食，这时可在主干与主枝上寻找细小的红褐色虫粪，一旦发现虫粪，即用锋利的小刀划开树皮将幼虫杀死。也可在翌年春季检查枝干，一旦发现枝干有红褐色锯末状虫粪，即用锋利的小刀将在木质部中的幼虫挖出杀死。

　　（4）药物防治方法。6—7月成虫发生盛期和幼虫刚刚孵化期，在树体上喷洒10%吡虫啉2 000倍液，7~10天1次，连喷几次。大龄幼虫蛀入木质部，可采取虫孔施药的方法除治。清理一下树干上的排粪孔，向蛀孔填敌敌畏棉条、用一次性医用注射器，向蛀孔灌注50%敌敌畏800倍液或10%吡虫啉2 000倍液，然后用泥封严虫孔口。

二

果

树

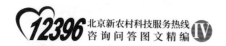

46 问：芒果是缺什么元素？

浙江省丽水市　网友"丽水～西米露"

答：徐筠　高级农艺师　北京市农林科学院植物保护环境保护研究所

从图片看，可能是缺铁症。

矫治方法

铁在果树体中的流动性很小，老叶子中的铁不能向新生组织中转移，因而它不能被再度利用。因此缺铁时，下部叶片常能保持绿色，而嫩叶上呈现失绿症。

（1）秋施有机肥（8月20日左右），在秋施基肥的同时，每株土壤直接施入硫酸亚铁0.5千克，掺入畜粪20千克。果树缺铁不完全是因为土壤中铁含量不足。由于土壤结构不良也限制了根系对铁的吸收利用。因此，在矫治缺铁时首先要增施有机肥来改良土壤，以提高土壤中铁的可利用性。

（2）叶面喷施0.3%硫酸亚铁水溶液或螯合铁（柠檬酸铁）水溶液，每间隔半个月喷施1次，共喷施3~4次，效果较好。

47 问：海棠树干都黑了，有2个地方有点锯末，怎么回事？

河北省　网友"河北绿化养护～殷女士"

答：徐筠　高级农艺师　北京市农林科学院植物保护环境保护研究所

从图片看，是果树的枝干腐烂病，有锯末是蛀干害虫幼虫为害排出的粪便。

防治措施

防治腐烂病必须以加强栽培管理、提高树体抗病力为核心，同时，做好果园卫生、田间喷药、刮除落皮层、病斑治疗、防治其他病虫、防止冻害及日灼等，方能有效控制病害的发生和为害。对腐烂病有极高防效的农药是不存在的。

（1）加强栽培管理，科学施肥浇水，立秋后施有机肥，合理修剪，适量留果，增强树势，以提高抗病力。

（2）认真防治蛀果，对修剪后的大伤口，及时涂抹油漆或动物油，以防止伤口水分散发过快而影响愈合。

（3）从幼树期开始，坚持每年树干涂白，防止冻伤和日灼。

（4）全年经常检查，发现病疤及时刮除，用快刀立茬刮干净，刮后涂以腐必清2~3倍液，或5%菌毒清水剂30~50倍液，或2.12% 843康复剂5~10倍液等，每隔30天涂1次，共涂2~3次，坚持涂2年。

（5）每年春季发芽前喷5度石硫合剂，生长季喷施杀菌剂时，要注意全树各枝干上均匀着药。

问：树葡萄的叶子都干枯了，是什么原因引起的？

浙江省丽水市　网友"丽水～西米露"

答：徐筠　高级农艺师　北京市农林科学院植物保护环境保护研究所

从图片看，树葡萄的叶子干枯可能是以下原因造成的。

（1）日灼伤。

（2）浇水淹没根部超过 24 小时，烂根了。

（3）缺素症，疑似缺铁症状。铁在果树体中的流动性很小，老叶子中的铁不能向新生组织中转移，因而它不能被再度利用。因此，当植株缺铁时，下部叶片常能保持绿色，而嫩叶上呈现失绿症直至干枯。

二

果树

49 问：凤梨上面展开的叶片大，下面果实小，是什么原因？凤梨的施肥有几个时期？

浙江省丽水市　网友"丽水～西米露"

答：鲁韧强　研究员　北京市林业果树科学研究院

从图片上看，凤梨叶片颜色还好，但老叶大多干尖，有失水的问题，可能存在缺钾，以致果实发育较慢。应土壤追施氮钾肥，叶面喷施磷酸二氢钾肥。

凤梨的施肥时期：凤梨栽培在施足底肥的基础上，生长前期追施氮肥为主，磷肥为辅，促茎叶生长和形成花蕾；生长中期促蕾期追肥以磷钾肥为主；生长后期的果实膨大期追肥以钾为主，施用少量氮肥，促进果实膨大。

50 问：板栗九月结了一批二茬板栗，用不用剪掉？

北京市密云区　崔先生

答：鲁韧强 研究员　北京市林业果树科学研究院

板栗秋季结了二茬板栗，按照生育期来讲，已不能成果，若有时间剪除最好，免得浪费营养。

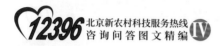
51 问：请问密云 10 月中旬可以栽栗树苗吗？
北京市密云区　李女士

答：鲁韧强 研究员　北京市林业果树科学研究院：

北京冬季低温干燥，入冬后不宜栽树苗。因为此时地温已下降，根系不能生长，栽后苗的地上树干还会有少量水分蒸发，不利于苗木成活。

建议

可先挖好定植穴，在早春顶凌栽植为好。

52 问：核桃树春季多有抽条现象，是什么原因？

河北省　网友"绿色原野"

答：鲁韧强　研究员　北京市林业果树科学研究院

核桃幼树新枝生长量大，枝条不充实，髓心又大，冬春易失水。抽条一般是在春季气温升高，地温还较低时发生严重。这时气温高枝条水分蒸发大，而地温低、土壤还没有化冻，根系吸水困难，当根系吸收水分少于枝条蒸发的水分时，就出现抽条现象。等到核桃长成大树，根系分布深，枝条也生长充实了，一般就不会发生抽条现象了。

二

果

树

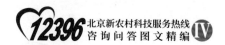
53 问：核桃树用不用刮树皮？
河北省　网友"绿色原野"

答：鲁韧强　研究员　北京市林业果树科学研究院

刮树皮是指把核桃大树干上的粗皮、翘皮和病皮刮掉，用以破坏虫害越冬场所，有利于喷药防治病虫害。但从生态的角度分析，粗翘皮中同样也有益虫藏身，刮树皮对它们也有影响。

建议

刮皮应在春季进行。因为有益天敌多数出蛰早，待它们安全越冬转移后，再刮皮并及时喷药，有利于生态恢复。

54 问：山核桃嫁接核桃后，上边粗底下细，风一吹要倒的
感觉，怎么办？
北京市延庆区　网友"星星不睡觉"

答：鲁韧强　研究员　北京市林业果树科学研究院

核桃树嫁接部位上粗下细现象，是砧木与接穗加粗生长不一致，造成的"小脚"现象。一般情况下不影响结果，但对根系生长有部分抑制作用。如果要解决相差太悬殊的问题，可采用树干部培土至接口以上，促使嫁接品种干上发根，可以逐步解决这一问题。培土前在嫁接的品种部位造伤局部环剥，截留营养和发生愈伤组织，培土后可促进发根。

二

果

树

北京新农村科技服务热线 ⅠⅤ
咨询问答图文精编

第三部分　作　物

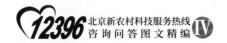

01

问：糯玉米叶片青枯，揉一下就碎裂了，是什么病？

云南省 网友"云南有机蔬菜，陈"

答：尉德铭 副研究员 北京市农林科学院玉米研究中心

从图片看，是发生玉米粗缩病。在生产上主要采取避开灰飞虱的迁飞高峰期、切断其侵染循环中的链条为主的综合技术措施。

（1）农业防病措施。

春播玉米尽可能适期早播，提前到 4 月播种；夏玉米适当晚播；用播种期使玉米幼苗感病期避开第一代灰飞虱成虫盛期。结合期间定苗拔除病株，清除杂草，加强肥水管理等。在病区，夏玉米应尽量改套种为直播。

（2）选用较耐病的品种。

（3）进行药剂防治。一是可于玉米播种前或出苗前在相邻的麦田和田边杂草地喷施杀虫剂，如亩用 10% 吡虫啉 10 克喷雾，也可在麦蚜防治药剂中加入 25% 扑虱灵（噻嗪酮）20 克兼治灰飞虱，能有效控制灰飞虱的数量。二是若玉米已经播种或播后发现田边杂草中有较多灰飞虱以及春播玉米和夏播玉米都有种植的地区，建议在苗期进行喷药治虫，以 10% 吡虫啉 30 克 / 亩 +5% 菌毒清 100 毫升 / 亩喷雾，既杀虫，也起到一定的减轻病害作用，隔 7 日再喷 1 次，连续用药 2~3 次可以控制发病。三是采用内吸性杀虫剂拌种或包衣，如 100 千克玉米种子用 10% 吡虫啉 125~150 克拌种，或用满适金（咯菌腈·精甲霜）100 毫升 + 锐胜（噻虫嗪）100 克拌种，对灰飞虱的防治效果可达 1 个月以上，有效控制灰飞虱在玉米苗期发生量，从而达到控制其传播玉米粗缩病病毒的目的。

（4）及时拔除病株，适当晚至 5~6 展叶期定苗。

三

作

物

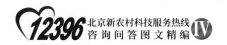

02 问：玉米叶片上有黄色枯斑，是什么病害吗？如何防治？

云南省　王先生

答：尉德铭　副研究员　北京市农林科学院玉米研究中心

从图片看，是玉米矮花叶病。

防治措施

（1）选用抗病、耐病品种。自交系黄早四具有很好的抗病性，其组配的杂交组合对矮花叶病表现抗病。

（2）调节播期，使幼苗期避开蚜虫迁飞高峰期。

（3）加强田间管理，及时中耕除草，结合间苗，在田间尽早识别并拔除病株。

（4）治蚜防病。在矮花叶病常发区，可用内吸杀虫剂包衣，以控制出苗后的蚜虫为害。在玉米播种后出苗前和定苗前，用10%吡虫啉30克/亩+5%菌毒清100毫升/亩喷雾，既杀虫，也起到一定的减轻病害作用。

03 问：玉米根部长小芽好不好，要不要去掉？
湖北省襄阳市　网友"听说 明天晴转多云"

答：尉德铭　副研究员　北京市农林科学院玉米研究中心

玉米根部长小芽是常见现象，不用去掉。随着玉米的生长，小芽会逐渐退化萎缩，其营养成分会转运到主茎中去，不会影响产量。

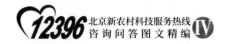

04 问：糯玉米叶子上有大量黄斑是什么病，怎么防治？
云南省　王先生

答：尉德铭　副研究员　北京市农林科学院玉米研究中心

从图片上看，糯玉米是发生了比较严重的褐斑病，不及时防治会严重影响产量。应立即用 25% 的粉锈宁（三唑酮）可湿性粉剂 1 500 倍液喷洒茎叶或用防治真菌类药剂进行喷洒。

为了提高防治效果可在药液中适当加些叶面肥，如磷酸二氢钾、磷酸二铵水溶液等，结合追施速效肥料，即可控制病害的蔓延，且促进玉米健壮，提高玉米抗病能力，降低产量损失。根据多雨的气候特点，喷杀菌药剂应 2~3 次，间隔 7 天左右，喷后 6 小时内如下雨应雨后补喷。

05 问：玉米高温热害造成授粉不均匀，花粒，如何加强管理？

河北省　网友"五省联合综合直供"

答：尉德铭　副研究员　北京市农林科学院玉米研究中心

没授完粉的地块，可以进行人工辅助授粉，增加结实率，授完粉的地块不会增加籽粒数目，只能在籽粒灌浆期加强管理，除大草使玉米通风透光，增加功能叶片的功能期，补施灌浆肥等措施，使籽粒更饱满，增加粒重，减少损失。

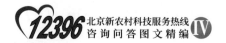
 06 问：玉米秆上长黑斑，怎么回事？

北京市房山区　丁先生

答：尉德铭　副研究员　北京市农林科学院玉米研究中心

从图上看是玉米褐斑病。

防治方法

（1）可用25%的粉锈宁可湿性粉剂1 500倍液叶面喷雾，或50%扑海因（异菌脲）可湿性粉剂1 500倍液喷雾，12.5%禾果利（烯唑醇）可湿性粉剂1 000倍液喷雾。

（2）为了提高防治效果，可在药液中适当加些叶面宝、磷酸二氢钾、尿素类叶面肥，促进玉米健壮生长，提高玉米抗病能力，减少损失。

07 问：甜玉米地打了莠去津除草剂，还能种植荷兰豆吗？
广西壮族自治区南宁市　某先生

答：尉德铭　副研究员　北京市农林科学院玉米研究中心

莠去津除草剂是残效期较长的除草剂，38%莠去津悬浮剂每亩用量超过150毫升，对下茬玉米、高粱影响不大，对小麦、大麦、水稻、谷子、菜豆、花生、烟草、苜蓿、甜菜、油菜、亚麻、向日葵、马铃薯、南瓜、西瓜、洋葱、番茄等蔬菜都有一定程度的影响。荷兰豆属于菜豆类，对莠去津除草剂抗性中等，一般上茬地打了莠去津除草剂，需24个月后才可以种植。

建议

当年最好不要种植荷兰豆，可取田间土壤做室内盆栽试验，待结果出来后再做决定。

三

作

物

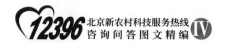

08 问：鲜老玉米水分 30%，如何储藏能保持鲜香度不变，使磨出来的面粉原汁原味？
辽宁省　网友"大地的歌者"

答：尉德铭　副研究员　北京市农林科学院玉米研究中心

玉米收获的适宜水分在 20%~24%，一般都在这时候进行收获。现在机械直接收获玉米籽粒时，要求籽粒含水在 25% 以下为宜，含水 28% 时收获籽粒破损率可控制在 3% 以下。玉米籽粒经自然干燥后自然水一般都在 15%~17%，作为仓储的含水量标准为 13%，最多不得超过 14%。加工成面粉时籽粒含水量一般在 15% 左右，正常情况下 30% 水分的玉米籽粒磨不成面粉，因此，用户的问题在现实中明显不合理，而且，玉米鲜储难度很大。

建议

还是晒干或晾干后储藏。

答：尉德铭　副研究员　北京市农林科学院玉米研究中心

从图片看，是玉米发生了雌雄不协调现象，授粉不好，造成顶部秃尖。

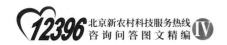

10 问：水果玉米的储藏时间一般是多久，将水果玉米采摘下来，用保鲜膜进行保鲜，可以吗？

浙江省丽水市　网友"丽水～西米露"

答：尉德铭　副研究员　北京市农林科学院玉米研究中心

水果玉米的储藏时间一般不超过 3 天，时间长了糖分会转化，就不好吃了。水果玉米采摘后速冻可以使保鲜时间长一些。

11 问：玉米苗发紫，什么原因？
安徽省　网友"淮北种养结合张先生"

　　答：单福华　高级农艺师　北京市农林科学院杂交小麦工程技术研究中心

　　玉米播种过深或过浅、高温高湿、低温等都会形成紫红苗，表现出土壤缺磷状态。

建议

　　应该加强田间管理，促进壮苗早发。

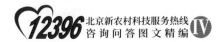

12 问：玉米头弯，叶子打卷，怎么回事？
山西省　韩先生

答：尉德铭　副研究员　北京市农林科学院玉米研究中心

玉米被蓟马等虫为害生长点后，造成顶部叶片粘连，使叶片不能迅速展开导致玉米叶片卷曲弯头。

建议

严重弯头的可用剪刀剪开即可恢复。

13 问：玉米苗有芽子（分蘖），用掰下去吗？
吉林省 孟先生

答：尉德铭 副研究员 北京市农林科学院玉米研究中心

大量的试验结果表明。

（1）合理密度正常栽培情况下，没有必要掰掉分蘖（丫子），因为可能会在去分蘖时导致植株伤害，引起伤口修复、病虫害侵害等，从而造成减产。

（2）玉米产生分蘖是增产的象征，大量的试验证明玉米长分蘖会增产，增产的品种不用去掉分蘖。有少量的地块会出现减产，减产的原因并不是因为长分蘖造成的，应该是不利的外界环境条件造成的。

（3）玉米一旦大面积产生分蘖，是掰不完的，去蘖只会产生用工费用，降低产出比。

三

作

物

14 问：麦田成片的枯萎，还有红蜘蛛，应采取什么措施？
山东省　网友"小席"

答：单福华　高级农艺师　北京市农林科学院杂交小麦工程技术研究中心

经与用户微信沟通，主要是冬前没浇冻水，旱寒交替，秸秆还田镇压不实，造成小麦死苗、死茎，表现成片枯萎。需要加强春季管理，刚刚的普遍小雪可以舒缓旱情，注意观察返青的地表水返不上来时，地表有 2~3 厘米干土层及时浇水（北京地区是 3 月 20 日左右），适当追施尿素每亩 10 千克，促进春季分蘖。

从小麦返青后开始每 5 天调查 1 次，当麦垄单行 33 厘米有虫 200 头或每株有虫 6 头，大部分叶片密布白斑时，即可施药防治。每亩可用 20% 扫螨净粉剂 20 克，或 40% 氧乐果乳油 30~50 毫升，或 1.8% 虫螨克 5~7 毫升，加水 50~60 千克喷雾。

防治时应注意在无风的上午 10∶00 以后或下午 4∶00 以后进行，此时，红蜘蛛多在叶面活动，可以提高防效。

15 问：天津 12 月初的小麦表土层有些干，需要浇冻水吗？

天津市　李先生

答：单福华 高级农艺师 北京市农林科学院杂交小麦工程技术研究中心

这种情况需要浇冻水。2017 年小麦播种墒情较好，但整个 10 月和 11 月都没有小雨和小雪，地面土壤有些干旱，需要在昼消夜冻、平均气温零度左右，抓紧浇好冻水，保证麦苗安全越冬。

三

作
物

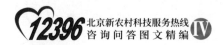
16 问：小麦还有十几天成熟，现在还能浇水吗？
天津市　网友"某先生"

答：单福华　高级农艺师　北京市农林科学院杂交小麦工程技术研究中心

小麦成熟前十几天，正是小麦灌浆盛期，如果土壤干旱，叶片正午有卷叶现象，需要浇水用以提高小麦粒重，从而提高小麦产量。在浇水的同时，注意避开大风天气，以免发生小麦倒伏，影响产量。

17 问：水稻田里的水草怎么治？
江苏省　网友"守护你一生"

答：尉德铭　副研究员　北京市农林科学院玉米研究中心

从图片看，是常见的水草。可在水稻栽种之前，用人工清除或用除草剂清除都可以。

作
物

18 问：稻子刚吐穗，稻壳发黑是什么病害，怎么防治？

河北省　网友"唐山滦县西瓜（吊瓜）、番茄，与众不同"

答：单福华　高级农艺师　北京市农林科学院杂交小麦工程技术研究中心

从图片看，像水稻稻瘟病的谷粒瘟。

当水稻田有 2/3 黄熟时，水稻自身抗性加强，病害发生会延缓下来，不必太担心。但在此之前不可掉以轻心。

防治方法

（1）要选择抗病品种，种子浸种消毒，合理施肥外，在发病早期及时喷药。

（2）用 75% 三环唑 50~60 克对水 30 千克喷雾；或每桶水用 40% 稻瘟酰胺 40 毫升或 40% 稻瘟灵 80 毫升 +25% 吡唑醚菌酯 10 克 +75% 三环唑 20 克 + 有机硅 5 克；亩用 2 桶水喷雾。当抽穗 30%~50% 时，再巩固 1 次，用 40% 稻瘟灵 160 克 + 有机硅 10 克对水 30 千克喷雾。一般 4 天后病情才能稳定下来。

19 问：花生叶粘在一起是什么病害？
山东省　网友"菏泽田园"

答：尉德铭　副研究员　北京市农林科学院玉米研究中心

从图片看，像是缺乏养分，顶部叶片长得又小又薄又发黄，遇到高温发生临时性萎蔫造成的。

20 问：这是什么草，有除这种草的药吗？
北京市　网友"龙"

答：单福华　高级农艺师　北京市农林科学院杂交小麦工程技术研究中心

从图片看，是打碗花。如果没有作物，可以用苯黄隆，加大药量喷雾可以连根杀死，但会有残留，后茬种小麦影响不大；如果有作物，就只有拔除了。如果要喷施除草剂，要用防治双子叶杂草的药剂，小量试验再用，谨慎用药。

麦田可选用 20% 氯氟吡氧乙酸 70~100 毫升 / 亩，在小麦返青至抽穗期均可喷施，打碗花基本出齐苗时，对水 30 千克均匀喷施，防治效果可达 85% 以上，对小麦安全。

玉米田有报道认为 36% 二甲氯氟吡防治玉米田打碗花效果显著。

21 问：葵花锈病怎么防治？
北京市　网友"小井"

答：尉德铭　副研究员　北京市农林科学院玉米研究中心

防治方法

（1）加强前期管理，及时中耕，合理施用磷肥，基部带锈病的叶片可掰掉，拿到田外。

（2）发病初期喷洒 15% 三唑酮可湿性粉剂 1 000~1 500 倍液或 50% 萎锈灵乳油 800 倍液、50% 硫黄悬浮剂 300 倍液、25% 敌力脱乳油 3 000 倍液、25% 敌力脱乳油 4 000 倍液加 15% 三唑酮可湿性粉剂 2 000 倍液、70% 代森锰锌可湿性粉剂 1 000 倍液加 15% 三唑酮可湿性粉剂 2 000 倍液、30% 固体石硫合剂 150 倍液、12.5% 速保利可湿性粉剂 3 000 倍液，隔 15 天左右 1 次，防治 1 次或 2 次。

01 问：菌包里边长了绿霉，和摇瓶时间长短有关系吗？

内蒙古自治区　樊先生

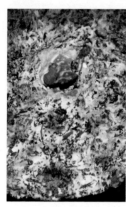

答：陈文良　研究员　北京市农林科学院植物保护环境保护研究所

从图片看，是种植时发生木真菌污染菌袋（绿色真菌）。造成的污染有 2 种可能，一种是菌袋消毒不彻底，菌料带菌造成污染；另一种是液体菌种不纯正，里面带有杂菌，接种之后污染了菌袋。液体菌种培养时间的长短，可能影响菌种的生活力，培养时间过长，生活力可能下降；但关键液体菌种是否纯正，是否带有杂菌，培养时间短，带有杂菌的，依然可以造成菌袋污染。

建议

在以后制作菌袋过程中，菌袋一定要消毒彻底；培养的液体菌种必须纯正，液体菌种接种之前，要检测，没有杂菌的液体种才能使用。否则，就容易出现菌袋污染的状况。

02 问：在福州，近期温度在 37℃ 左右。平菇已经播种十几天了，平菇菌袋还是没有变白，怎么回事？

福建省　网友"福建~小李"

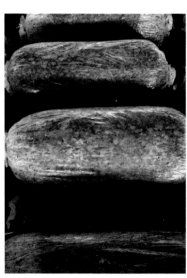

答：陈文良　研究员　北京市农林科学院植物保护环境保护研究所

从图片看，根据所述的情况，存在下列问题。

（1）气温太高。平菇菌袋合适的发菌温度是 22~25℃，天气温度达到 37℃，菌袋就会发生烧菌，造成平菇菌丝不发菌；

（2）菌袋含水量可能偏大，影响平菇发菌；

（3）菌袋有的有毛真菌污染，杂菌污染了，平菇菌丝就不生长了；

（4）播种量是否偏少。播种量一般以 10%~15% 比较合适。播种量过少，不利于发菌。

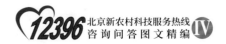

03 问：这是什么蘑菇，香椿树上长的，能吃吗？
贵州省遵义市　新蓝图种植合作社

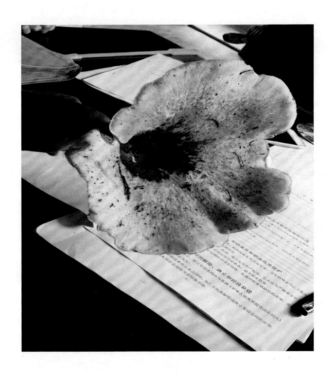

答：陈文良　研究员　北京市农林科学院植物保护环境保护研究所

从图片看，这是伞菌类侧耳食用菌，与平菇相似。如果周围环境没有打农药，该菌可以食用。

04 问：这是什么蘑菇？
浙江省丽水市　网友"丽水～西米露"

　　答：陈文良　研究员　北京市农林科学院植物保护环境保护研究所

　　从图片看，是一种野生菌，属于伞菌类蘑菇科大青褶伞。

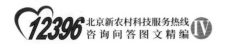
05 问：在南方，用小拱棚种植这种蘑菇，用什么可以遮阳避光降温？

贵州省遵义市　新蓝图种植合作社

答：陈文良　研究员　北京市农林科学院植物保护环境保护研究所

根据南方的气候情况，使用稻草帘覆盖小拱棚比较合适，能够起到遮阳避光、通风换气和降低温度的作用。

06 问：在林下土地上种植食用菌，可行吗？

北京市顺义区　秦先生

答：陈文良　研究员　北京市农林科学院植物保护环境保护研究所

在林下土地上，种植食用菌是比较有发展前景的产业，可以种植多种食用菌，如平菇、香菇、双孢蘑菇、金针菇、黑木耳、草菇等。在树木之间，搭塑料棚或者小拱棚，上面覆盖草帘或者遮阳网，遮阴后，在棚内种植食用菌。当年可以购买平菇菌袋，种植成功有经验后，来年可以自己制作菌袋，发展食用菌生产。

四

食用菌

07 问：在河南省种植什么食用菌前景好？

河南省　网友"河南农民"

答：陈文良　研究员　北京市农林科学院植物保护环境保护研究所

从气候上讲，河南省可以种植多种食用菌，如平菇、香菇、黑木耳、双孢蘑菇、白灵菇、杏鲍菇、真姬菇等。

从发展前景上看，如果离大城市近，交通方便，可以发展平菇和双孢蘑菇；如果在山区，建议发展香菇和黑木耳等食用菌，这2种食用菌可以干销，能够较长时间保存贮藏。像河南省西峡县种植大棚香菇，经济效益很好，发展前景可以预期。

08 问：香菇栽培如何管理才能形成花菇？
河南省 网友"河南农民"

答：陈文良 研究员 北京市农林科学院植物保护环境保护研究所

在香菇栽培过程中，主要掌握下列技术方法就容易形成花菇。

（1）选用容易形成花菇的品种。选用容易成花菇的品种，即选择低温或者中低温型、菌龄较长、菇型好、菌柄短的菌种。如香菇241－（4）L939、L9015、L9608 等品种。

（2）培养基要求。培育花菇要注意培养料的含水量，料水的比例以1∶（0.9~1.0）比较合适，菌袋内含水量过低不利于花菇的形成。

（3）控制香菇生长的生态环境。花菇是在特殊的生态环境条件下形成的。袋栽香菇生长过程中，遇到低温、昼夜温差大、空气干燥等生态环境容易形成花菇。因此，要创造这样适宜的条件促进花菇的形成。主要是在菇蕾生长的中后期拉大昼夜温差、保持持续偏干的菇房条件。在这种条件下花菇容易形成，花菇的品质也比较好。

操作方法

菇房温度控制在8~13℃，最高气温在20℃左右，最低气温在8℃，日温差在10℃以上；空气要求干燥，相对湿度保持在30%~60%，为此目的必须加强菇房的通风换气力度；给予阳光充分的照射等条件。

这样的气候条件在秋末、冬季和早春容易形成，因此，在栽培季节上要进行适当的安排，使香菇的出菇期处于这样的季节，以利于再通过栽培技术的调控刺激花菇的形成。

四

食用菌

09 问：农作物秸秆能种蘑菇吗？

河南省　网友"河南农民"

答：陈文良　研究员　北京市农林科学院植物保护环境保护研究所

一般情况下，麦秸、稻草和玉米芯等农作物秸秆，可以用来种植多种食用菌，可以用它栽培平菇、草菇和双孢蘑菇等。

栽培平菇时，应该将其粉碎，用生石灰水浸泡后使用，但麦秸栽培平菇的产量比较低，用稻草栽培效果好些。

在栽培草菇时，秸秆要用生石灰水浸泡后再使用。播种量在10%以上。

在栽培双孢菇时，秸秆要首先要经过堆制发酵后，再进行播种栽培。

如果用秸秆栽培香菇、黑木耳、金针菇等熟料栽培的食用菌，则主要用木屑、棉籽壳栽培，农作物秸秆只需要加入10%~20%就可以了。

利用秸秆栽培食用菌，主要看要栽培什么食用菌，再看具体详细技术。因为菇种不同，栽培方法也不一样。

北京新农村科技服务热线
咨询问答图文精编 Ⅳ

第五部分 花 卉

01 问：平安树买来一年，不长新叶，是什么原因？是否需
要施肥？

北京市东城区　网友"高～果树"

答：周涤　高级工程师（教授级）　北京市农林科学院蔬菜研
究中心

从图片看，叶片深绿色，枝繁叶茂，植株长势尚好。但新叶的
生长需要根系吸收更多的养分，因此，需要给根系创造吸收养分的
空间，首先松土，然后定期浇灌液肥；需要适当剪掉内层过多的杂
乱、细弱分枝。

02 问：平安树叶片失绿、干叶、有斑块，怎么回事？

山东省烟台市　李先生

答：周涤　高级工程师（教授级）　北京市农林科学院蔬菜研究中心

从图片看，植株总体感觉叶片茂密，但有部分叶片表面失水干枯，部分有黄斑。

主要是由于土壤黏性重或长期浇灌偏碱性水，导致土壤呈碱性，养分吸收受阻，造成缺肥。所以，首先应该用酸性水浇灌。现在是生长旺季，应每月施肥一次，入秋后，应连续追施2次磷钾肥。

日常除了应勤松土，定期浇灌液肥外，需要适当剪掉内层过多的杂乱、细弱分枝和衰老叶片。保持枝叶间的通透，增加光合作用，使植株逐渐恢复生机。

五

花

卉

03 问：平安树总是烂叶子，怎么回事？

内蒙古自治区　网友"内蒙古赤峰"

答：周涤　高级工程师（教授级）北京市农林科学院蔬菜研究中心

养护环境通风不良，浇灌不当，如长期浇灌自来水，土壤黏重板结，土壤偏碱性等造成的根系受损，进而导致植株养分缺乏，表现在整体植株生长势弱，叶片失去光泽，失绿，叶片从边缘开始干枯甚至落叶等现象。可以对照看看是哪种不利的因素的影响，对照进行改善。如改用酸性水浇灌；土壤要经常松土，黏重的板结严重的土质应考虑混合部分含腐殖质高酸性的草炭土等，增加土壤的透水性；放在空气流动相对良好的位置。目前的情况暂时不要施肥。

冬季北方室内温度高湿度小也是不能忽视的因素，应考虑增加室内空气湿度，并经常用湿软布擦拭叶片，保证叶片表面清洁，恢复叶面气孔的功能，促进蒸腾，逐步增加植株根系的吸收功能。

待看到新叶萌发时，说明植株根系活力恢复，再进行施肥。

04 问：盆栽平安树叶片小还发黄有什么好办法吗？
海南省　网友"蝴蝶梦"

答：周涤 高级工程师（教授级）北京市农林科学院蔬菜研究中心

从种植地块整体看，叶片生长正常。个体植株出现叶黄叶片小可能由以下原因造成。

（1）刚刚修剪过的植株，新萌生的嫩叶，叶色浅，叶片小，待长成成熟叶，叶色会加深，叶片会长大。

（2）个别植株因所处环境积水造成根系吸收障碍，导致的生理性病害，造成脱肥，生长迟缓。应消除不利条件，应有所缓解。

（3）种苗本身的缺陷，如个体变异、病毒侵染等，应拔除销毁，避免因昆虫咬食传播。

可针对性消除不利条件后，植株应有所缓解。

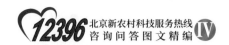

05 问：基地土培白掌，根系发达，叶面不同程度变黄，是什么原因？

福建省　网友"园林～当归"

答：周涤　高级工程师（教授级）　北京市农林科学院蔬菜研究中心

根系发达说明根部健康无损伤。可能是施肥过多，缺肥或微量元素缺少造成的。通常缺铁可导致叶黄，可叶片喷硫酸亚铁进行校正，同时，保持环境通风良好，并适当遮阴。浇水不要过勤，栽培基质应透水性好。

06 问：君子兰叶子都枯萎了，是怎么了？

北京市海淀区　张女士

答：周涤　高级工程师（教授级）　北京市农林科学院蔬菜研究中心

从图片看，可能与前期氮肥过多，磷钾肥缺少有关。同时，夏季高温生长迟缓，要注意少浇水，浇水过多引起烂根。

注意不要暴晒，放在通风不直晒的地方；注意浇水施肥不要浇到叶表面或叶心里；夏季高温应减少或停止施肥。

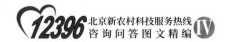

07 问：蔷薇叶子黄了，也不长了，是缺肥吗？

北京市延庆区　网友"黑老大"

答：周涤　高级工程师（教授级）　北京市农林科学院蔬菜研究中心

有缺肥的因素。带花的盆栽蔷薇在大量开花时养分过度消耗，因此，造成植株养分缺失。花后应及时施均衡复合肥。

整形修剪很重要，特别是花后要及时剪掉残花，保留主茎，其余弱枝可全部剪掉，有利于通风防病。

仔细观察叶片，蔷薇发生了白粉病，但并不严重，应结合修剪去除病株并销毁，用杀菌剂喷洒全株，尽可能保持栽植环境干净。

08 问：月季叶尖发黄，是什么病害？

浙江省丽水市　网友"丽水～西米露"

答：周涤　高级工程师（教授级）　北京市农林科学院蔬菜研究中心

从图片看，可能是红蜘蛛为害造成的。仔细观察在叶柄部有丝状物，还看到叶片正面有白色微型斑点及叶片黄化的现象，也可以观察叶背部是否有虫体和斑点加以判断。这是月季常见的虫害，高温干旱季节易发生。

09 问：长寿花是怎么回事？
北京市顺义区　网友"顺义天使"

答：周涤　高级工程师（教授级）北京市农林科学院蔬菜研究中心

长寿花是景天科伽蓝菜属的一种多肉植物，耐旱，不择土壤，只要不受地温冻害，没有长期积水造成烂根都容易养护。温度过高、长时间暴晒等会造成生长停滞。

电话了解到用户有直接浇灌淘米水和洗菜水的习惯，盆土中生长了很多蚂蚁，说明土壤受到污染，吸引的蚂蚁也造成了茎叶的损伤。如果根系没有完全受损，建议换土，尽早排除蚁害，剪掉残缺的茎叶。换土后注意先不要马上浇水，隔2~3天再浇水，防止烂根。放在阴凉通风的环境，2周后会看到新叶长出。

洗菜水去掉残渣后可以浇灌。经常移动花盆，防止蚂蚁在盆底筑巢。平时不要往花盆里丢弃食物残渣。夏季高温超过30℃时，应适当遮阴，防止长时间暴晒造成叶片灼伤。

10 问：风铃之前在阳台挺好，放到树下反而黄了，是缺阳光还是缺肥？

北京市房山区　网友"黑老大"

答：周涤　高级工程师（教授级）　北京市农林科学院蔬菜研究中心

从图片看，可能是缺光了。夏季放在阳台上，早晚有光照，中午不直晒比树下过度遮阴更合适。可将其移至有散射光的地方，适当随水补充稀肥，如腐熟的淘米水，注意肥液不要沾到叶片上，经常用水喷洒叶片，喷水后擦掉叶表面水滴，避免留下水渍，保持叶片清洁。

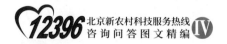

11 问：绿萝茎叶腐烂，是怎么回事？

甘肃省　网友"甘肃~~~ 小王"

　　答：周涤　高级工程师（教授级）　北京市农林科学院蔬菜研究中心

　　从图片看，可能是浇灌过多，通风不良，过度缺光等原因造成的。应更换排水性较好的栽培基质，结合换土去掉发黄腐烂的茎叶，将带根的茎段重新栽植，放置在通风良好不直晒的地方，保持土壤湿润，2 周后待土壤干燥后再浇灌，应有新叶芽长出。

12 问：蝴蝶兰多长时间浇 1 次水？

北京市海淀区　李女士

答：周涤　高级工程师（教授级）　北京市农林科学院蔬菜研究中心

蝴蝶兰浇水的频度与季节、温度、容器和所用基质相关。

蝴蝶兰是室内观赏的花卉，在北方家庭养护良好的情况下可以一年四季开花。健康的植株叶片深绿有光泽、厚实硬挺，新芽会不断地长出。

水苔是最适宜的栽培基质；容器不能太大，首选透气性好的泥盆或紫砂盆，一株蝴蝶兰栽植的容器直径规格 10~12 厘米。在这样的基质和容器条件下，一般春秋季节生长旺盛，温度适宜，可以放在阳光充足的地方，每周浇水 1~2 次，室温相对高时蒸发量大，勤浇水。

夏季避免强光直晒，室温环境超过 30℃时植株生长缓慢，应减少浇水频度，2 周浇水 1~2 次。冬季室温适宜，环境干燥应适当增加浇水，经常在植株周围喷水，用湿布擦拭叶片，增加环境湿度。但花期时各个季节都应当适当控制浇水，停止浇肥。春秋冬三季施肥应与浇水结合，一般 2~3 周施 1 次肥水。浇水过多容易落蕾。

正常的根色发绿，健壮，挺实，根尖略显红色，如果出现根系发黑，腐烂，说明水过大，如果有些根系有干枯的症状，说明过分缺水。

以上是养好蝴蝶兰与浇水有关的一般原则，具体浇水的时间还要根据具体的情况调整。

五

花
卉

13 问：发财树树皮已经有点软了，还能不能救活？

江西省　网友"家养植物新手"

答：周涤　高级工程师（教授级）　北京市农林科学院蔬菜研究中心

可从上至下检查一下树干和表皮，如果茎秆组织呈绿色，树皮结实无松散迹象，说明还没有腐干，可经过一段时间正常的光照环境、精心的浇水等措施，逐渐恢复。

如果茎秆组织呈棕色或黑褐色，树皮开裂松散无弹性，则说明茎秆已枯死，可以截去坏死的茎秆，截面涂上蜡或油漆防腐。如果观察病部有黑色斑点，茎秆枯死后干缩多呈浅褐色至灰白色。可能是发生了茎腐病，会蔓延至健康的树桩，应拔除病株，并用30%噁霉灵水剂1 000倍液浇灌防治。

图片中盆土板结发白，建议掺入沙土和泥炭土增加土质的通透性。用原盆土、泥炭土和沙土按 1 ∶ 1 ∶ 1 混合。发财树不能长期缺光，浇水也不能太勤，应在盆土干燥至 8 成左右时再浇水，检查5 厘米深度的土壤，干则浇水，湿润则不用浇水。

14 问：发财树放花店可能是不通风，叶片发黄，是怎么回事？

福建省　网友"福建～园林～当归"

答：周涤　高级工程师（教授级）　北京市农林科学院蔬菜研究中心

植物生长离不开光合作用和呼吸作用，通风有助于环境中二氧化碳和氧气的持续输送，避免有害气体对植物生长的影响。发财树对空气成分比较敏感，不通风加上花店内光照弱，新陈代谢放缓，养分输送受阻，导致植株生长势减弱，长期处于不利的环境下，表现为叶黄。如果浇灌过多，根系不能正常呼吸，会造成烂根，严重时植株死亡。

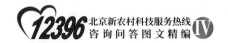

15 问：金线莲生长不良是什么原因引起的？

北京市　网友"老叶"

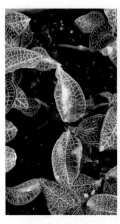

答：周涤　高级工程师（教授级）北京市农林科学院蔬菜研究中心

金线莲性喜阴凉、潮湿，尤其喜欢生长在有常绿阔叶树木的沟边、石壁、土质松散的潮湿地带，要求温度20~32℃，光照约为正常日照的1/3，最忌阳光直射。人工金线莲植物对环境要求严格，对环境十分敏感，因此，创造适宜的环境是栽培成功的关键。采用设施栽培时，首先基地要求生态环境良好，水源清洁、排水良好，立地开阔、通风良好，周围无工矿、三废、垃圾场等污染源，且远离交通干道。在生长过程中通过调节遮阳网透光率，将光照强度控制在3 000~5 000Lx。生长适宜的温度为15~30℃，在高温季节，通过水帘、风机进行降温，冬季通过覆盖塑料薄膜保温。对湿度应控制在75%~85%，栽培基质含水量控制在35%~45%。

从图片看，现在的环境湿度远没有达到其生长适宜的条件，土壤基质的湿度太大，是造成生长不良的主要原因，同时，土壤水分过高，一旦通风不良，或水质不清洁，周围环境污染不洁，病原侵染，极易发生真菌细菌性病害。因此，环境必须加以改善达到生产要求。

16 问：栀子花叶片发黄，有斑块是什么原因？

北京市 网友"飞翔"

答：周涤 高级工程师（教授级） 北京市农林科学院蔬菜研究中心

北方土壤多呈中性或偏碱性，导致土壤中缺乏可供植株利用的铁元素，这是引起叶片变黄的主要原因之一。因此，培养大叶栀子要选用肥沃的酸性培养土。一般可用腐叶土 4 份、园土 4 份、沙土 2 份混合配制。浇灌宜用雨水或经过发酵的淘米水。生长期间每隔 10~15 天浇 1 次 0.2% 硫酸亚铁水或每隔 10~15 天施 1 次矾肥水（两者可相间进行）。这样既能防止土壤变碱，又能及时给土壤补充铁元素，从而防止叶子变黄。

叶片上的黑色斑点是受到真菌侵染，可尝试浇灌杀菌剂。可用 10% 世高粒剂 2 000 倍液，50% 多菌灵粉剂 500 倍液；70% 甲基托布津粉剂 600 倍液；每次以选用上述药剂中的 1 种，交替使用，7~10 天 1 次、连续 3 次。平时预防可以一个月防治 1 次。同时，摘除病叶。

五花卉

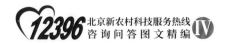

 问：水培万寿竹，叶黄，叶背白色霉状，怎么回事？

福建省　网友"福建~园林~当归"

答：周涤　高级工程师（教授级）　北京市农林科学院蔬菜研究中心

剪下来的枝条在没生根的阶段出现叶黄是正常现象，白色霉状物可能是环境通风不良、有真菌侵染所致。可用肥皂液彻底清洗叶片，枝条插水时应将下部叶片去掉，叶片不应浸入水中，容易污染水质。生根后水中应加入适量硫酸亚铁可以使叶片增绿。

18 问：花盆里的银斑绿萝土表面和土里都有白色的东西，是感染了啥？

福建省　网友"福建～园林～当归"

答：周涤　高级工程师（教授级）　北京市农林科学院蔬菜研究中心

从图片看，是感染了真菌，看到的白色是菌丝体，进行松土同时，把花盆移至通风的地方就可减少。

建议

平时避免浇灌未腐熟的液肥或不洁净水，同时，经常松土增加土壤的透气性。

19 问：杜仲树秋天种的，现在不发新根，根也没有腐烂，怎么办？

河北省　陶先生

答：鲁韧强　研究员　北京市林业果树科学研究院

杜仲树可能秋季种得太晚，种后地温已下降，冬前没发新根。经过一冬一春树体失水过多，发根困难。若是小苗可截干保苗，勤浇水、灌些发根剂，覆黑地膜保水控草。若是大苗即使地下用了这些措施，恢复生长也难。

20 问：新栽的桂花树叶片发黄、脱落，怎么回事？

河南省　网友"北国之神"

答：周涤　高级工程师（教授级）　北京市农林科学院蔬菜研究中心

从图片看，桂花树叶片出现圆形褐色斑点，有的叶片发黄，进一步发展出现落叶的情况，是典型的炭疽病的症状。炭疽病在高温多湿的环境条件下易发生，常发生在 4—6 月。

防治措施

及时摘除销毁病叶和带病枝条；提高土壤的排水性；加强通风；喷洒 50% 苯来特可湿性粉剂 1 000~1 500 倍液。

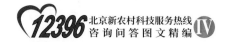

21 问：侧金盏怎么培育繁殖？

北京市延庆区　吴女士

答：周涤　高级工程师（教授级）　北京市农林科学院蔬菜研究中心

侧金盏用播种或分根进行繁殖。

（1）播种繁殖。种子 5 月中旬至 6 月上旬成熟，成熟种子容易脱落，应及时采收。种子用沙藏保存至秋天播种或次年春播。播种苗正常生长需要 5 年左右开花。

（2）分根繁殖。适宜在秋末进行。取地上茎截成段或分根休眠芽进行分栽。繁殖土壤应富含有机质，中性偏弱碱性。

问：多肉植物的繁育方法？

北京市　孙女士

答：周涤　高级工程师（教授级）　北京市农林科学院蔬菜研究中心

多肉植物繁殖多采用无性繁殖途径，叶插是最常用主要的方法，其他还有播种、茎插、根插等。稀有品种可以用组织培养技术。

春季是叶插的适宜季节。利用肥厚的叶片摆放在稍湿润的沙床或疏松的土面上，很快就会生根，在叶片的基部长出不定芽，形成小植株。

根据品种不一样，叶插出根、出芽的时间和成功率也都会不一样。初期可以把草土与粗砂混合，保持湿润，选择健康的叶片，晾2~3天。叶片斜插放入土面后，不要再浇水，放在通风、温暖、有散射光的地方即可。20~30天可以生根萌发不定芽。

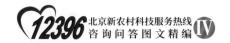

23 问：薰衣草茎部发黑，掰开后心是黑的，根没有烂，怎么回事？

福建省　网友"福建～园林～当归"

答：周涤　高级工程师（教授级）　北京市农林科学院蔬菜研究中心

薰衣草属目前分类有 20 多个种，这株是羽叶薰衣草。其适合南方的湿热气候，但不耐寒。图片中这株羽叶薰衣草老枝高度木质化，茎部发黑，叶片发生萎蔫，说明茎部失去输送水分功能，可能是长期湿冷造成冷害导致。

建议

栽培过程中低温阶段注意控制浇灌，栽培土壤要通透性良好，这样才能保证植株生长良好。

问：山茶花花骨朵开到一半就蔫了，花瓣周边变黑，是怎么回事？

北京市房山区　网友"山地80亩—北京房山"

答：周涤　高级工程师（教授级）北京市农林科学院蔬菜研究中心

山茶花花蕾枯萎与环境不利、养分不平衡以及浇水等因素有关。具体原因有以下几种。

（1）成年茶花要求充分光照，但又不能强光直晒。

（2）开花期温度环境条件的剧烈变化也会造成花蕾萎蔫或落蕾，特别是环境温度低于10℃对开花影响大。

（3）冬季植株不落叶，营养生长过旺，养分消耗大，特别是磷钾肥不支，造成花发育停滞。冬季北方室内栽植也应给以低温环境，保证其休眠充足，如果过早抽芽展叶，消耗养分，则影响开花。

（4）土壤偏碱性时影响养分的吸收，应定期浇灌酸性水。

初步判断，图片中的山茶花属于第三种情况，可根据以上分析进行解决。

五

花

卉

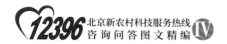

25 问：火鹤小花出现的密集褐色斑点，是怎么了？
福建省　网友"福建～园林～当归"

答：周涤　高级工程师（教授级）　北京市农林科学院蔬菜研究中心

从小花出现的密集褐色斑点看是典型的真菌性斑点病。通常在湿度大，通风不良的环境下发生。

防治措施

将病株隔离，可用 50% 甲基托布津或 50% 多菌灵 800 倍液加 75% 百菌清 800 倍液混合，隔 7~10 天喷 1 次，喷施 3~4 次。严重时建议抛弃病株，并销毁。

26 问：金线莲新叶出现白化，是什么原因？
福建省　网友"福建～老叶"

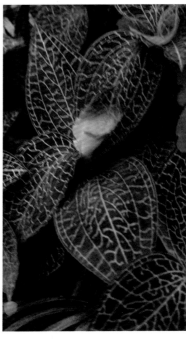

　　答：周涤　高级工程师（教授级）　北京市农林科学院蔬菜研究中心

　　从图片看，金线莲叶缺少光泽，出现新叶发白可能是环境温度偏低、光照强度过低，缺肥，通风差造成。

　　金线莲理想的光照是遮阴后叶面位置光强控制在 3 000Lx 左右；冬季要避风保温，理想温度 20～30℃，特别注意保持环境湿度，高温环境应加强通风。每 2～3 周施 1 次稀薄农家液肥。

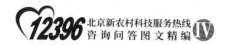

27 问：榕树盆景冬天没怎么浇水，开春浇水比较多，叶子干后掉落是怎么回事？

北京市海淀区 王先生

答：周涤 高级工程师（教授级） 北京市农林科学院蔬菜研究中心

榕树盆景在北方冬季室内养护因环境湿度小、温度低，发生掉叶现象是正常的生理反应。掉叶后减少浇灌是对的，因为休眠期植株生长停滞，根系不能正常吸水，浇灌过多反而会引起烂根，导致植株死亡。

榕树恢复浇水，新叶发出，但要注意目前不要浇灌过多，保持盆土湿润就好。随着温度升高，进入5月生长旺盛期再增加浇灌频次，并随水少量施肥。

从图片看，榕树与容器比例不合适，盆径有些大，这样更要注意浇水量1次不要过多。同时，栽植容器一定要有排水孔。

28 问：迎春花和连翘有哪些不同？

北京市海淀区　网友"后知"

答：周涤　高级工程师（教授级）　北京市农林科学院蔬菜研究中心

从植物分类、开花时间，还有花形、枝条、叶形等生物学性状都有区别。迎春是木犀科茉莉花属，连翘是木犀科连翘属。以下是一些通常容易观察的性状。

迎春花开花早，连翘开花晚 1 个月。

迎春花的花为高脚杯状，每朵有 6 枚花瓣；连翘只有 4 枚花瓣，花瓣较宽。

迎春花老枝灰褐色，小枝四棱状，细长，呈拱形生长，绿色；连翘枝条为圆形，棕褐色或淡黄褐色，小枝浅褐色，茎内中空。

迎春花的叶子是羽状复叶，3 片小叶呈"品"字形；连翘的叶子是单叶对生。

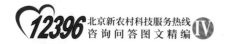

29 问：芦荟叶片变成紫色，怎么回事？

江西省　网友"江西～家养植物新手"

答：周涤　高级工程师（教授级）　北京市农林科学院蔬菜研究中心

从图片看，芦荟叶片变紫色可能是受到低温冷害、冻害造成，应保持环境温度不要低于 5℃；严重缺水或浇灌过多造成烂根也会出现叶片变紫色。需要检查一下根系情况，并及时改善不利因素。

问：龙血树出现白斑，怎么办？

辽宁省　网友"邢新～聚丰椰糠"

答：周涤　高级工程师（教授级）　北京市农林科学院蔬菜研究中心

龙血树出现白斑可能是感染了真菌性病害。

补救措施

应剪掉病叶，最好换新土，植株用稀释的800倍多菌灵溶液喷洒；加强通风，同时，注意环境温度不要低于13℃；换土2~3周缓苗后，应加强光照，提高植株生长势。

五

花

卉

31 问：火鹤是怎么了，怎么治？
北京市海淀区　张女士

答：周涤　高级工程师（教授级）　北京市农林科学院蔬菜研究中心

火鹤长时间强光直晒，土壤偏碱性和 Ec 值高都会造成的叶片干边枯黄，叶片失绿没有光泽。

补救措施

应给火鹤换土，用微酸性泥炭土栽植；火鹤对盐分特别敏感，平时注意不要长期浇灌自来水；去掉老叶和黄叶，将植物移到阳光不直晒的位置，并注意加强通风；定期施肥。

北方干燥环境对火鹤生长不利，应经常用湿布擦拭叶片或给植株周围喷水。

32 问：多肉熊童子能种活吗？
江西省　网友"江西～家养植物新手"

答：周涤　高级工程师（教授级）　北京市农林科学院蔬菜研究中心

从图片看，多肉熊童子植株完整无损伤，能种活。

操作步骤

（1）把植株放于阴凉通风处晾2～5天等伤口干燥后上盆。盆直径略大于植株冠径，不能用过大的容器。

（2）土壤选择草炭土与沙质土1∶1比例混合，上层铺上大颗粒的各色碎石，留出水口方便浇水。一般不用施肥，施肥容易造成生长过快，茎间伸长。

（3）栽好后少量浇水，然后放在阴凉通风有散光的地方1周左右，此后就可以正常养护了。

第六部分　土　肥

01 问：盐碱地不出苗，或是出苗苗子不长，怎么办？

河北省　王先生

答：张有山　研究员　北京市农林科学院植物营养与资源研究所

这种情况估计是因土里碱含量高所致。当土里含碳酸氢钠高了之后且其中交换性钠离子占阳离子总量超过20%以后土壤就开始出现碱土的性质，这时土壤的物理性质变坏，土壤的酸碱度（pH值）可达到9以上，土壤变得非常板结通气性差不易出苗，即使出苗也长不好。

改良可从两方面考虑。

（1）在播种之前要对碱化土进行改良。一是可以通过施用石膏，就是用钙把钠交换出来形成易溶于水的硫酸钙；通过灌水将硫酸钠排出耕作层消除土壤中的交换性钠，改善土壤的板结状况。二是可以施用含酸的糠醛渣与碱中和降低土壤的碱性。三是深耕浅盖，即深开沟播种浅覆土以躲碱害。四是多施有机肥以缓冲碱为害。

（2）出苗后的办法不多，可以在苗根部用小锄把土往外扒浇水再施些发酵过的有机肥促使苗正常生长，提高抗碱能力。碱地作物在雨季后生长要快些。

02 问：花生饼浸泡发酵一个月，能做植物叶面肥吗？
广西壮族自治区　辣椒种植户

答：张有山　研究员　北京市农林科学院植物营养与资源研究所

花生饼经过泡水发酵可以作为肥料使用，它的成分除含有氮磷钾及部分微量元素外，还有蛋白、脂肪等。花生饼肥一般作为底肥和追肥，不适于作喷肥，作喷肥的肥料必须能溶于水。花生饼虽然经过发酵但它不能溶于水，用它作喷肥很难被作物吸收，降低了肥料利用率，故不提倡作喷肥。

六

土

肥

03 问：尿素、过磷酸钙、免深耕土壤调理剂这些肥料追肥时能混合在一起吗？

山西省　网友"PAJK"

答：张有山　研究员　北京市农林科学院植物营养与资源研究所

尿素、过磷酸钙两种化肥就其化学性质而言，同时，应用不会发生化学变化，是可以同时应用的。但尿素是速效性氮肥宜于做追肥，而过磷酸钙是属于迟效性磷肥宜做底肥，做追肥会降低磷肥肥效起不到追肥的作用，故不提倡用过磷酸钙做追肥。

免深耕土壤调理剂不知其化学成分，不好判断其与两种化肥混用是否会产生不良反应。如果它是属于微生物制剂，则过磷酸钙的酸性就会影响微生物的活性。

建议

仔细阅读调理剂的使用说明书，看其主要成分和酸碱度，是不是微生物制品，而后再确定是否可以与2种化肥混用。

04 问：羊粪和菜枯怎样发酵？
重庆市　网友"秀山西瓜"

答：张有山　研究员　北京市农林科学院植物营养与资源研究所

菜枯发酵方法

菜枯是油菜籽榨油后的渣滓压成饼状的东西，它含有丰富的氮磷钾及矿物质微量元素，可以做肥料和饲料，它的发酵方法较简单。

首先将菜枯粉碎成小块先晒二天后放入发酵池在上面浇些人粪尿也可撒些化肥如尿素等，而后上面盖上塑料布，经过半个月左右后菜枯完全腐烂后即表示发酵完成。

羊粪发酵方法

（1）在羊粪中加些粉碎的秸秆，而后往其中加水至含水率为60%左右。

（2）将掺好水的羊粪装进塑料袋或放在发酵池子里，上面浇些稀薄的人粪尿效果更好。

（3）在其上面盖上塑料薄膜密封发酵半个月左右，当羊粪呈黄绿色无臭味而略带酒味时，表示发酵完成。

六

土

肥

05 问：秸秆反应堆怎么埋？都放什么？

辽宁省 网友"朝阳喀左黄瓜"

答：张有山 研究员 北京市农林科学院植物营养与资源研究所

以玉米秸秆地面式堆肥为例，堆肥点应选在背风、向阳及近水源处。

材料配比是风干玉米秸 500 千克，新鲜骡马粪 300 千克或适量氮肥，水 750~1 000 千克。堆前先把玉米秸铡成 3~5 厘米长的碎料，摊在地面上，按比例掺入骡马粪或氮肥、水，随掺随堆，搅拌均匀，堆成长方体，宽 3.3~4 米，高 1.3~2 米，长度以材料多少而定。堆后上面覆土厚度 4~8 厘米。一般在 7 天后堆温逐渐上升，最高可达 70℃以上。过一段时间后，堆内温度下降，此时应进行翻堆，并酌情补充水分或人粪尿，重新覆土堆积，直至腐熟。整个过程要 2~3 个月。如加有机肥腐熟剂可以大大缩短时间，产品可到生产资料门市部购买，使用方法可参照说明书做。

06 问：东北草炭土营养含量怎么样？用的纯东北草炭土，出现叶子发黄，是什么问题？

河北省 网友"rain"

答：张有山 研究员 北京市农林科学院植物营养与资源研究所

东北的草炭土分为上、中、下三部位，其中，以下部位的草炭土营养多些，草炭土的养分除有机质高 30%~60%，其他的养分很少。草炭土的保水保肥能力强又疏松多孔，有改良土壤的作用，多用作栽花或蔬菜育苗的基质，并且常和蛭石、珍珠岩及松叶土掺混来用。为了保证足够的养分供作物生长还需要加入经过腐熟的有机肥或化肥。

植物叶子变黄，如果没用化肥或者不缺水，那就不是因为肥大而导致叶子变黄而是缺肥所致。

建议

补充肥料，先用速效氮肥如硫铵、尿素等。注意施肥和浇水同步进行，水量要适当防止漏水漏肥，待缓苗后，再根据情况决定是否施些发酵过的有机肥。

六

土

肥

07 问：哪一种农家肥富含磷、钾元素？

山东省济南市　网友"巫山一段云"

答：张有山　研究员　北京市农林科学院植物营养与资源研究所

在常见农家肥中，以鸽子粪含磷、钾养分最多，其含五氧化二磷1.78%，氧化钾1%；其次是鸡粪，其含五氧化二磷1.54%，氧化钾0.85%；再次是羊粪，其含五氧化二磷0.45%~0.6%，氧化钾0.4%~0.5%；猪粪和羊粪差不多。在实际应用中要根据肥源来选择，鸽子粪产量一般不多，用量大时可选择鸡粪，由于其含磷和钾都比较多，应当注意养分搭配。而且在施用之前一定要先发酵充分，以免在地里继续发酵产生高温，引起烧苗。

08 问：金针菇菇渣用做黄瓜的无土栽培基质要怎么处理，怎么配比？

湖南省常德市　网友"澧水果蔬种植"

答：张有山　研究员　北京市农林科学院植物营养与资源研究所

利用金针菇渣作为园艺基质是不错的选择。菇渣既可以做肥料又有一定的杀菌作用，可以减少肥料和农药的用量。

（1）每立方菇渣可加入0.2千克的发酵微生物，可选市售的固氮菌解磷解钾微生物复合生物菌剂，再加上0.5千克尿素，折合干重为3千克的芝麻渣以及3千克鸡粪等作为辅料。

（2）在塑料大棚内将堆料堆成1米高长度不限的发酵堆。

（3）往发酵堆中喷水，随搅拌随喷水至含水量达到55%~60%后覆盖塑料薄膜保温保湿。当堆内温度达到65℃以上时（夏天需一周、冬天需二周）翻堆1次，大体需要3个月完成发酵。发酵过的菇渣按6：4的比例与蛭石混合就可做园艺基质了。

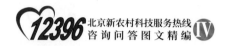
09 问：锯末怎么发酵？

河北省　魏先生

答：张有山　研究员　北京市农林科学院植物营养与资源研究所

锯末作为基质必须先发酵才能使用，发酵方法有快速发酵和一般发酵 2 种。

快速方法是用有机肥发酵剂，可以到当地或网上购买，发酵方法按说明书操作。

一般发酵方法是选在背风向阳地方采用高温堆肥方法。就是采用锯末与畜禽粪便混堆进行发酵，两者比例为 65 ∶ 35（也可以拌人粪尿或加些氮肥）。堆成高 1.5 米左右宽 3 米左右的长形堆，水分含量在 65% 左右。堆时要一边掺一边拌，使锯末与粪便和水混匀。堆好后上面要覆土，厚度在 4~8 厘米，最好在土上面再盖一层塑料薄膜以利升温和保温。经过一周发酵后温度可上升至 60℃以上，保持几天后，待温度降下来，再进行翻堆。此时要检查堆内的水分情况，如缺水应当加些水，再重新覆土或加塑料薄膜的过程，直至全部腐熟，时间总共需要 1~2 个月。

10 问：国产菌做出来的菌肥与进口菌做出来的有什么区别?

辽宁省大连市　国益生物科技大连有限公司

答：张有山　研究员　北京市农林科学院植物营养与资源研究所

正常情况下，两者没什么区别。用户过于关注菌种是国产还是进口的想法不科学。一般情况下，同样的菌种其制出的菌肥质量好坏决定于菌种的纯度，与菌种来源是国产还是进口无关。我国微生物菌肥标准重点关注的是有效活菌数的数量，有效活菌数多的菌肥质量肯定要好。

11 问：草莓基质土和番茄基质土里分别加什么缓释肥比较好？

辽宁省　网友"邢聚丰椰糠泥炭"

答：张有山　研究员　北京市农林科学院植物营养与资源研究所

基质土是指苗床土即用来育苗的土。它主要担负供给苗期的营养生长即属于育苗肥。草莓用肥可分为育苗肥、定植前基肥和定植后追肥，番茄的施肥也大体如此。番茄每百千克需氮磷钾比例为 $1:0.2:1.7$；草莓为 $1:0.34:1.38$。可见 2 种作物都对钾的需求较多。草莓属于水果型食品对甜度要求高，而钾有助于提高甜度。磷钾肥和中微量元素主要用在定植前的基肥中。故 2 种作物的基质土如果主要是用来做育苗用则加入的肥料应没有多大差别，主要用速效氮磷肥如尿素、二铵等。

至于往基质土中加哪种缓释肥好，个人的意见是育苗肥用速效肥而缓释肥用在定植前做基肥。现在厂家都在生产专用肥，番茄、草莓都有专用肥，都属于缓释肥，这种肥料也是作为定植前的基肥来用。

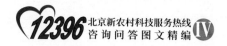
（一）家畜

问：巴马香猪反反复复出现气喘、伪狂，猪瘟疫苗都做了，怎么办？

云南省普洱市　网友"云南~普洱~老山羊"

答：赵际成　助理兽医师　北京市农林科学院畜牧兽医研究所

如果是气喘症状很明显，应该考虑猪喘气病的可能性。猪喘气病是由猪的肺炎支原体引起的慢性接触性传染病，主要症状是咳嗽气喘，病变特征是融合性支气管肺炎。该病种母猪感染可以传染给后代。

该病主要是在于预防和加强饲养管理，应该做好免疫接种工作，加强消毒，勤换垫料，猪舍应做到干燥通风。对于发病猪，可以肌注林可霉素，每千克体重4万单位，每天两次。饲料中添加金霉素，每吨饲料50~200克，或者林可霉素每吨饲料200克。治疗同时，做好驱虫工作。

02 问：母牛是否怀孕怎么分清楚？

新疆维吾尔自治区 网友"买买提"

答：张剑 副研究员 北京市农林科学院畜牧兽医研究所

母牛的妊娠诊断大多采用直肠检查法，即在配种后 60 天左右，通过直肠触摸子宫，怀孕母牛孕侧子宫角变粗，有波动，两子宫角之间结合沟不明显。同时，可在孕侧卵巢上触摸到明显的黄体。除此之外，还可以根据母牛的一些外表变化来进行综合的判断。

看行为：母牛配种后，不再表现发情行为，性情变得温驯，食欲增强，膘肥毛亮，初步可以认定怀孕了。

看阴道：母牛怀孕后阴道黏膜由粉红变为苍白，无光泽，表面干燥。黏液性状：怀孕两个月后，子宫颈附近有浓稠黏液，怀孕 3 个月后，黏液量增加并更浓稠，同时，阴道收缩，插入开膣器有阻力，这是因为子宫颈口被灰暗浓稠的液体封闭。

看食欲：奶牛怀孕 3 个月后，一般食欲增强，食量增大，膘情变好，体重增加，毛色光润。

看乳房：乳房膨胀，乳头硬直，是怀孕母牛。反之，则没有怀孕。

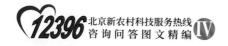

03 问：牛流吐沫是啥毛病，怎么治疗？
辽宁省 网友"凌源黄瓜种植"

答：赵际成 助理兽医师 北京市农林科学院畜牧兽医研究所

牛流口水不吃草有以下几种情况。

（1）普通口炎，类似于人的口疮，这种情况比较少见。而且普通的口疮影响咀嚼，但是不影响食欲和精神状态。虽然咀嚼困难，但是能看出明显的食欲。

（2）口腔异物，这种情况在牛身上比较常见。因为牛采食方式粗糙，不能分离饲草中的异物，有时候如果饲草坚硬，或者混有荆棘，很容易刺在口腔黏膜上，越刺越深，影响采食。

（3）口腔水疱病，一种有传染性质的疾病。这种病不仅会在口唇周围出现水疱，在身体无毛和少毛区也可以见到水疱和水疱破溃后的结痂。所以这种病很好观察。

（4）口蹄疫，口蹄疫是近年来对我国养牛和养猪业危害巨大的烈性传染病，近年在国内一直都有发生。口蹄疫的主要眼观病变在蹄匣和舌苔、口唇部位出现明显的溃疡。有时候蹄匣部位较脏，不易观察到，但是翻开唇部或者拉出舌头，会很容易看到明显的溃疡。因为溃疡严重，病牛严重的流涎，流出的口水有时还会拉出长丝。大量流出的口水，会弄湿牛头下方的地面。口蹄疫的死亡率不高，但是传染性极强，对我国的养牛业危害极大。由于是病毒性传染病，没有针对性的治疗药物，只能靠疫苗预防。一旦确诊为口蹄疫，病牛应该进行扑杀，环境进行彻底消毒，2年内同一环境不应该再圈养偶蹄家畜。

如果免疫过疫苗，这应该是散发病例，尽快淘汰。如果没有免疫过疫苗，应该进行紧急免疫。并且每天观察，发现新病例立即淘汰。加强消毒和隔离，避免疫情扩大，并同时向当地兽医管理部门上报疫情。

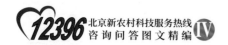
 04 问：羊难产小羊羔已产出，两天胎盘没出来，怎么办？
北京市　某女士

答：赵际成　助理兽医师　北京市农林科学院畜牧兽医研究所

小羊羔产出，2 天未见胎衣排出的情况是有可能存在的。一般情况下，羔羊健康，胎衣都能正常排下。未见到胎衣，先观察母羊产道排出物的情况，母羊产仔后会连续几天由产道排出子宫中残留的液体，正常的液体无异味，量由多变少，逐渐消失。如果胎衣不能排出，会在子宫里腐败，产道排出的液体会有腥臭味道，还会混有胎衣残渣。假如排出液体正常、母羊还有宫缩症状，就不需要人工干预，要让母羊自己排出胎衣。如果担心子宫感染，可以在产羔后，注射抗生素，连续注射 3 天。如果母羊年龄偏大，担心产程长宫缩无力，可以在产羔后当天补液，输入葡萄糖酸钙注射液和 25% 葡萄糖，连用 3 天。

05 问：马已怀孕 350 天，还没有生产的征兆，什么原因？
北京市大兴区　郝先生

答：张剑　副研究员 北京市农林科学院畜牧兽医研究所

一般情况下，马的妊娠期为 300~412 天，平均妊娠期为 340 天，推断马预产期的简便方法为：配种月份减 1，配种日数加 10。例如，某马 4 月 9 日配种，那么 4−1＝3，3 为预计月，也就是第二年的 3 月，9+10＝19，19 就是预计分娩日。所以，这匹马的预产期为第二年的 3 月 19 日。估计用户推算的日期不准确，实际还没有那么长时间，所以，才会没有生产征兆。

七

畜

牧

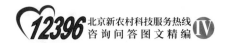

（二）家禽

 问：小鸡屁股上全是粪便，怎么回事？
四川省　李先生

答：赵际成　助理兽医师　北京市农林科学院畜牧兽医研究所

从图片看，是肛门周围被粪便污染。这种情况最常见于鸡白痢。鸡白痢是由沙门氏杆菌引起的以下痢为特征的传染病，免疫是预防该病的最好方法。

发生鸡白痢后可以使用痢菌净加入饮水中饮用治疗，以水为单位一般是饮水 30~60 克 / 千克。也可以拌料饲喂，按每千克体重 5~10 毫克添加，但是要保证采食完全。

答：赵际成　助理兽医师　北京市农林科学院畜牧兽医研究所

从图片看，应该是萎靡，这是家禽发生疾病初期的表现。观察鸡周围的粪便颜色和形态都很正常，从粪便看不像是传染病，如果是单只发生，应该是普通的疾病。仅从萎靡状态是不能确定是什么疾病的。

建议先驱驱虫看看效果，散养鸡尤其是地面养殖，容易发生寄生虫疾病，建议驱球虫和线虫。驱球虫可以选用氨丙啉，按治疗量用药7天，驱线虫可以选用左旋咪唑，连用3天，但是这2种药不能同时使用，最少要间隔1周。驱虫期间的鸡蛋不能食用，建议淘汰。

如果条件允许，还可以投喂呋喃唑酮7天防治血液白虫病。以上的寄生虫病都会造成鸡萎靡。如果是内科病，还需要再仔细观察结合其他症状进行确诊。

七

畜

牧

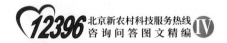

03 问：小鸡眼上长疮是怎么回事？
海南省　网友"快乐的洞二哥"

答：赵际成　助理兽医师　北京市农林科学院畜牧兽医研究所

根据症状有可能是鸡痘，鸡痘是一种痘病毒引起的接触性传染病，主要症状就是可以在眼睑和鸡冠等处见到痘状丘疹。该病是鸡眼周围长疮比较常见的病因。因为它有比较强的传染性，所以，在鸡群中往往不会只有单个病例，而且鸡痘症状特殊，比较好确诊。

如果是鸡眼周围有外伤感染，也有长疮的可能，但是这种情况不会传染，只能是单一病例，而且这种情况发生的概率很低。

鸡痘可以通过鸡痘疫苗接种来预防，效果很好。如果是普通的感染，可以采用破疮方法处理，用新洁尔灭消毒后撒消炎粉进行消炎。不管是哪种情况，都说明用户的饲养环境不好，应该做好环境卫生，勤换垫料，多消毒。

还有一种可能，看到的不是眼生疮，而是眶下窦肿胀，眶下窦肿胀，外观上看起来比较像眼肿胀，并且会造成暂时的失明。如果是眶下窦肿胀，有可能是传染性鼻炎。可以在饲料中投喂敌菌净或其他磺胺类药物治疗，也可以投喂抗生素治疗，如庆大霉素粉剂等。

04 问：鸡不吃不喝后死亡，分不清是球虫还是滴虫感染，用什么药？

北京市　王先生

答：赵际成　助理兽医师　北京市农林科学院畜牧兽医研究所

这2种病症状完全不一样，应该很好区分。

球虫感染鸡肠壁增厚，肠腔中有血液。嗉囊常积水扩张。感染鸡严重的，腹泻死亡，饲料饮水下降，体重下降。滴虫感染，初期口腔黏膜出现淡黄色区。常使食道完全阻塞，使患鸡不能闭塞口腔，口中积聚多量积液，有水样眼泪，后期失明。

灭球虫使用氨丙啉，治疗量连用7天。灭滴虫，可以用灭滴灵口服。解剖如果没有见到可见的寄生虫体，可以先按照球虫治疗，投药7天后观察效果。在投药期间，应该把其他药物停掉。同时，更换垫料，使用1%的敌百虫环境喷洒，1周1次。

七

畜

牧

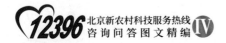
05 问：雏鸡头朝天仰，是怎么回事？
四川省　李先生

答：张剑　副研究员　北京市农林科学院畜牧兽医研究所

雏鸡出生后会有少数比例（一般低于 5%）的 1 日龄雏鸡出现仰天转脖的现象，这种情况多由于遗传等因素造成。在生产中应将此类雏鸡淘汰处理。

问：240个雏鸡要多大面积的育雏房？

四川省　李先生

答：张剑　副研究员　北京市农林科学院畜牧兽医研究所

鸡群的密度宜小不宜大，需要随着鸡雏日龄的增大而减小，冬春季节密度较夏秋季节密度大一些。在注意密度的同时，也需要考虑鸡群的大小，小群饲养效果好些。

雏鸡的饲养密度（只／平方米）如下：1~2周龄，地面平养每平方米30~40只，网上平养每平方米40~50只；3~4周龄，地面平养每平方米20~30只，网上平养每平方米30~40只；5~6周龄，地面平养每平方米15~20只，网上平养每平方米20~25只。

七

畜

牧

07 问：怎样才能提高雏鸡成活率？
四川省　李先生

答：张剑　副研究员　北京市农林科学院畜牧兽医研究所

要提高育雏的成活率，在鸡苗良好质量的基础上必须保证育雏的环境条件，供给营养全面而平衡的饲料，严格执行防疫和疾病防治措施，同时加强饲养管理，具体有以下几个方面。

（1）选鸡苗。鸡苗质量的好坏直接影响到雏鸡的成活率，因此，养鸡户朋友们在购买鸡苗时要选择信誉度高，防疫严格，并且没有疫病发生的种苗场，从而确保种源可靠、纯正。

（2）控温度。控制好鸡舍内的温度是提高雏鸡成活率的关键，温度高低的衡量方法除了参看室内温度计外，还要观察雏鸡的行为，注意雏鸡的叫声，温度高雏鸡会出现伸翅、张嘴、呼吸频率增快、食欲减少、饮欲增加等症状。温度低雏鸡会聚集一堆并发出"叽叽"的叫声。

（3）适宜的饲养密度。饲养密度对雏鸡生长发育及成活率的高低影响极大，合理的饲养密度是保证鸡群健康的重要条件。随着雏鸡的生长要及时分群、转群，对于鸡群中比较弱小的雏鸡，要从群中挑选出来单独饲养。

（4）卫生免疫要做好。做好卫生免疫工作。饲养用具勤清洗，饲料饮水勤更新。

第八部分　水　产

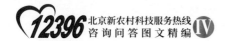

01 问：鱼体有小块腐烂现象，是否与水质有关，用什么方法防治？

湖北省随县　网友"湖北随县果之苑：千波"

答：徐绍刚　高级工程师　北京市农林科学院水产科学研究所

从图片看，养的草鱼有掉鳞现象，并且有受伤迹象，这可能与秋季倒鱼的时间较晚有关。秋季随着水温的降低，鱼体恢复不好，同时，水质应该有些影响，造成鱼体有小块腐烂现象。这种现象应该不是水质败坏起主要作用，如果水质败坏鱼应该有上浮且有浮头现象。

解决办法

如池塘水温温度不是很低，可以连续 3 天泼抗生素，然后隔 2 天后待抗生素药效失效后可以多泼些硝化细菌、光合细菌等菌制剂，持续改善池塘水质，这样可以缓解这种现象。

02 问：金鱼不甩仔致使亲鱼憋死，怎么回事？
辽宁省 "国益生物"

答：徐绍刚　高级工程师　北京市农林科学院水产科学研究所

从图片看，不甩仔的亲鱼已死亡。金鱼正常情况下不用催产剂均能正常甩仔，不能甩仔可能有以下几种情况。

（1）可能亲鱼的年龄比较大了，正常情况下金鱼2龄性成熟，可连续用3年，3年后要逐渐淘汰。

（2）输卵管或生殖孔堵塞，这种情况虽然少但也有，可以看看如腹部膨胀严重但不甩仔的亲鱼试着用较细的木棍从生殖孔往里捅一捅试试，有时就会通了。

（3）不知亲鱼池内有没有雄性亲鱼，如没有可加入几条雄鱼刺激一下。

（4）亲鱼强化培育期间加点水流，刺激一下看看能不能刺激产卵。

（5）金鱼繁殖一般都采用人工挤卵，自然产卵的情况比较少了，如果是自然产卵的情况，需要在产卵池内加些产卵巢刺激亲鱼产卵。

03 问：在鱼塘底全部铺设专用的出气软管，用机器送风，给鱼塘增氧，这种增氧方式是否科学先进？

山东省　网友"合作共赢"

答：徐绍刚　高级工程师　北京市农林科学院水产科学研究所

该项技术称为微增氧技术，就是池塘管道微孔增氧技术，将增氧管道铺设在池塘底部，利用管道底层增氧，大幅提高水体溶解氧含量，该技术优、缺点比较突出。

优点

（1）微增氧技术增氧区域范围广，溶氧分布均匀。

（2）池塘噪声小。

（3）可改善池塘底部溶氧条件，改善池塘底部水质条件，有利于整体改善池塘水质条件，达到增产的目的。

缺点

（1）成本较高，增氧管的价格在 1~8 元／米。

（2）该管道如在土池塘中使用，容易堵塞，现阶段在水泥池中利用较多。

04 问：鱼池的鲶鱼身上烂死了，是啥毛病？
北京市 网友"孤傲王者"

答：徐绍刚 高级工程师 北京市农林科学院水产科学研究所

鲶鱼的抗病能力及对水质的适应能力都比较强，一般情况下不容易得病。鲶鱼体表腐烂有可能是水温变化较大或是水温较低引起的细菌性疾病；也有可能是倒池或新进鱼后体表有比较严重的伤而没有进行及时的消毒引起的细菌感染，请结合自己的情况判断。

八

水

产

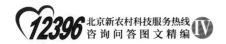
05 问：春季放养鱼苗，石灰清塘之后要多久放鱼合适？需注意什么问题？

湖北省　某先生

答：徐绍刚　高级工程师　北京市农林科学院水产科学研究所

春季生石灰清塘一般都是清塘 1 周后加水，加水 3 天后就可以放鱼苗了。

注意事项

（1）生石灰属碱性物质，一般不在碱性较高的池塘中使用，易造成池塘水 pH 值过高。

（2）生石灰清塘一般采用干法清塘，即池塘中不能有较多的水，用生石灰带水清塘会降低生石灰效力，降低清塘效果。

（3）因为采用的是干法清塘，需要尽量泼洒均匀，才能起到良好的消毒效果。

（4）生石灰属碱性消毒剂，需要 1 周左右药效才会逐渐褪去，因此，需要 1 周时间后才能加水放鱼苗。

06 问：辽宁省海参圈、虾圈高温，怎么办？
辽宁省　网友"国益生物"

答：徐绍刚　高级工程师　北京市农林科学院水产科学研究所

解决办法

（1）如果虾圈或海参圈池子足够高的话，就加水，把池水深度提高到 2 米以上。

（2）如果虾圈或海参圈靠近河道的话，尽量换部分水，毕竟外部水应该比圈内的水温稍低些。

（3）减少投喂量，减小身体负担，可以降低应激反应。

（4）看看渔药店里卖提高免疫的药，可拌饵投喂，小水体可全池泼洒。

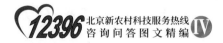

更多问题请咨询"农科小智"

本书介绍了农业专家针对用户咨询问题进行专业解答的案例，希望可为农业生产者提供参考和指导。由于书稿篇幅有限，只能精选部分问题进行展示。农业生产影响因素较多，生产技术问题具有环境立地条件特殊性，如有本书未能涉及覆盖的问题，可向农业智能机器人"农科小智"进行咨询。

"农科小智"基于大量丰富的农业技术及科普知识语料库，应用农业领域自然语言理解、人工智能推理等技术构建研发。通过"系统智能交互＋专家人工解答"的服务模式，为用户提供农业技术问答、专家指导、百科知识服务。如果您有农业相关疑难问题，赶紧扫码体验一下吧！

扫码体验手机端"农科小智"

"农科小智"实体机器人